御阳 著

稍进有术

北京日报出版社

图书在版编目（CIP）数据

精进有术 / 御阳著 . -- 北京：北京日报出版社，
2025. 5. -- ISBN 978-7-5477-5196-1

Ⅰ . B848.4-49

中国国家版本馆 CIP 数据核字第 2025FA2991 号

精进有术

出版发行：北京日报出版社

地　　址：北京市东城区东单三条 8- 16 号东方广场东配楼四层

邮　　编：100005

电　　话：发行部： （010）65255876

　　　　　总编室： （010）65252135

印　　刷：三河市人民印务有限公司

经　　销：各地新华书店

版　　次：2025 年 5 月第 1 版

　　　　　2025 年 5 月第 1 次印刷

开　　本：787 毫米 ×1092 毫米　　　1/ 16

印　　张：13.75

字　　数：148 千字

定　　价：52.00 元

目录 CONTENT

第一章　选目标，方向比努力更重要 ·························· 1

第一节　志不强者智不达·· 2
　　《墨子》——先确立目标

第二节　以若所为，求若所欲，犹缘木而求鱼也·········· 10
　　《孟子》——立志的关键是选对方向

第三节　是以志之难也，不在胜人，在自胜也·············· 17
　　《韩非子》——"无节制"的自律要不得

第四节　知人者智，自知者明······································ 26
　　《道德经》——好高骛远要不得

第五节　假舆马者，非利足也，而致千里···················· 34
　　《荀子》——选择对的平台，事半功倍

第六节　大直若屈，大巧若拙······································ 40
　　《道德经》——静心是关键

第二章 修内功，提升认知是"改命"的关键 ……………**47**

第一节 形而上者谓之道，形而下者谓之器……………… 48
《周易》——理解世界运行的基本规律

第二节 君子之于天下也，无适也，无莫也……………… 55
《论语》——世界不是非黑即白

第三节 曲则全，枉则直……………………………………… 59
《道德经》——角度不同，认知不同

第四节 君子可欺以其方…………………………………… 66
《孟子》——敬畏规则，反抗不公

第五节 君子虑胜气，思而后动，论而后行……………… 70
《曾子》——思维模式决定行为结果

第三章 读好书，终身学习是提升"内功"的良药………**77**

第一节 学不可以已…………………………………………… 78
《荀子》——科技时代终身学习更重要

第二节 磋砣莫遣韶光老，人生唯有读书好……………… 85
《四时读书乐》——读书是最划算的买卖

第三节 学而不思则罔，思而不学则殆…………………… 89
《论语》——警惕"智能陷阱"

第四节 书犹药也，善读之可以医愚……………………… 97
[汉] 刘向——读书是门大学问

第五节 一曝十寒，进锐退速，皆非学也…………… 103
朱之瑜——学习要下苦功夫

第六节 博学而不穷，笃行而不倦………………… 110
《礼记》——学以致用

第四章 稳住情绪，要有本事，不要有脾气………… 117

第一节 君子不迁怒，不贰过………………………… 118
《楚野辨女》——从底层逻辑上破解坏情绪

第二节 大器晚成，大音希声………………………… 125
《道德经》——消除"精神内耗"

第三节 天下事有难易乎？为之，则难者亦易矣……… 130
《为学一首示子侄》——破解焦虑的"万能公式"

第四节 将欲弱之，必固强之；将欲废之，必固兴之… 136
《道德经》——得意勿忘形

第五节 知止而后有定，定而后能静………………… 142
《大学》——做一个情绪稳定的人

第六节 善败者不亡………………………………… 149
《汉书》——逆商比情商更重要

第七节 胜人者有力，自胜者强……………………… 156
《道德经》——跳出攀比"怪圈"

第五章 沟通有术，沟通是门艺术 …………………… **163**

第一节 无多言，多言多败……………………… 164
《孔子家语》——学会倾听是沟通的第一步

第二节 终日言不失其类，故事不乱……………… 171
《鬼谷子》——灵活选择策略

第三节 与智者言，依于博………………………… 176
《鬼谷子》——见人下菜碟

第四节 卑不谋尊，疏不谋戚……………………… 182
《资治通鉴》——不该说的话不要说

第五节 以子之矛，陷子之楯……………………… 187
《韩非子》——不要落入对方的节奏

第六节 人之有好也，学而顺之…………………… 195
《鬼谷子》——投其所好

第七节 静坐常思己过，闲谈莫论人非…………… 203
《格言联璧》——坏话当面说，好话背后说

第八节 晓之以理，动之以情……………………… 208
《权谋残卷》——学会讲故事

第一章

选目标，方向比努力更重要

第一节

志不强者智不达

《墨子》——先确立目标

从小到大，我们听过无数关于立志的名言。孔子说："君子立长志，小人常立志。"孟子说："士贵立志，志不立则无成。"谚语说："有志不在年高，无志空长百岁。"这些话，就像那些我们听过的无数"大道理"一样，只能过耳，无法深入人心。然而，从来没有人说过，我们为什么要立志，立志对于我们的生活和工作有什么价值。

因此，我们要做的，不是重复这些人人都懂的"陈词"，而是再进一步，去分析立志背后的原因，去厘清它的底层逻辑，从根本上认识它，最终自然而然地转变为行动。

为什么要立志

我们先讲一个故事。秦末天下大乱，群雄逐鹿，出现了很多响当当的风云人物，刘邦是其中最具代表性的，也是最终的赢家。

刘邦年轻时，整天游手好闲，不事生产，不是正在喝酒，就是正在赶去喝酒的路上，甚至经常拖欠酒钱。用现在的话说，几乎就是一个"街溜子"。为这事，他没少遭受父亲的训斥，可依然故我。

后来，刘邦通过考试当上了亭长，总算有了正式工作。一次，在押解劳役去咸阳的路上，他碰到了秦始皇浩浩荡荡的出行队伍，便发出感叹："大丈夫当如是也。"换句话说，就是大丈夫就应该当皇帝。

在那个时代，敢这样说的恐怕没有几个人。除了刘邦，项羽也说过"彼可取而代之"，而这两个人就是"楚汉争霸"的主角。后来，刘邦斩蛇起义时，已经过了不惑之年，但他仍然能够带着军队，斗志昂扬地夺丰邑、立怀王、复魏地，攻咸阳、定韩地，夺关中、封汉王。

然而，刘邦的军事生涯绝非一帆风顺。鸿门宴上，项庄舞剑想要取他性命，他只能找借口逃跑。彭城之战中，他率领五十多万诸侯联军攻占西楚都城，后来被项羽的三万轻骑击溃。他一路逃到家乡，为了逃命还几次将一双儿女推下马车，狼狈不堪。

虽然，帝王将相的故事离当今的生活实在太过遥远，但从刘邦的经历中，我们能够看到立志的必要性。

认知觉醒

刘邦的"大丈夫当如是也"是一种个人认知的觉醒，即一个人在某个关键时刻对自己未来可能成为哪种人有了清晰的认识。这种认知上的觉醒是立志的起点，能够激发一个人的决心和上进心，无论他之前经历过什么样的生活。

就像加塞特说的那样："每个人都能在各种各样的人生可能性当中，找到真正且真实的自己。那个呼唤他走向真实自己的声音，就是我们所谓的'天命'。但是大部分人都在努力压制天命的呼唤，并且拒绝听见它。他们设法在自己内心制造噪声……从而让自己分心，进而欺骗自己，用虚假的生命旅程来取代真实的自己。"

在说出那句话时，刘邦在心中已经萌生出一种非凡的自我形象，这种形象超越了他当时的生活状态。他不断告诉自己：我再也不能像以前那样生活了。他开始认识到，尽管目前只是一个小亭长，但他有能力去追求更高的目标。换句话说，就是"我能够成为更好的人"。这种自我认知是立志的第一步，成功激发了刘邦内心深处的潜能。之后他不断给自己心理暗示，将这种决心具象化，变为实实在在的行动。

心理学上有个吸引定律（Law of Attraction）非常有名，具体内容是：一个人的正面或负面的思想能够带来正面或负面的结果。当一个人坚信某件事情会发生时，可能会无意识地采取行动来实现这一预期，从而使之成真。

吸引定律告诉我们：正面的思想会吸引正面的结果，从而创建一个正向反馈循环。回到生活和工作中，我们虽然不能像刘邦一样，设立一个"成为皇帝"的目标，但可以设定一个更加符合个人情况的志向，再把这个大的志向分解成小的步骤，去慢慢实现它。

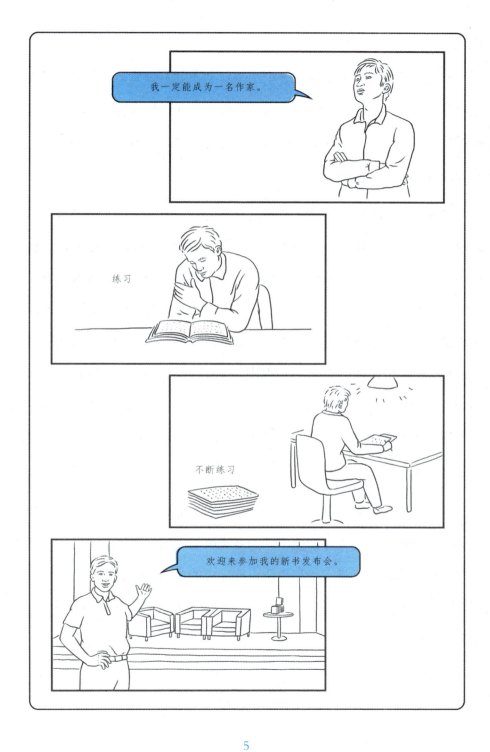

克服困难

宋人方岳在《别子才司令》中写道："不如意事常八九，可与语人无二三。"人生如逆旅，我们每个人都是行人。在人生这趟旅途中，困难和挫折往往多于顺利和成功。而面对挫折时的抗打击能力，往往决定了一个人的成就。

司马迁是我国历史上最著名的史学家之一，因《史记》而名传千古。天汉二年（前99年），李陵自请领五千步兵进击匈奴，以寡击众，在浚稽山遭遇对方主力，弹尽粮绝后投降。这次失利令整个汉廷沸腾，官员们纷纷上书声讨李陵。可是，司马迁却说："李陵怀有报国之心，以五千兵力杀敌上万人，虽然战败，但可以将功抵过。"并且认为李陵投降不是真的投敌，而是想要找机会"曲线报国"。汉武帝听后，派公孙敖深入匈奴，想要接应李陵回国。没想到，这个公孙敖无功而返，怕汉武帝追责，谎称李陵在帮匈奴练兵。汉武帝一怒之下杀了李陵全家老小，司马迁也因为这件事被牵连受了宫刑。

对于一个生活在旧时代的男性来说，受宫刑除了要承受身体上的痛苦，还要忍受精神上的伤害。因此事"为乡党所笑，以污辱先人"的司马迁不止一次想过自杀。可是，想到自己未能完成的史书，他决定忍辱负重，实现"究天人之际，通古今之变，成一家之言"的理想，终于艰难地完成了《史记》的创作。

在《报任安书》中，司马迁写道："仆诚以著此书，藏之名山，传之其人，通邑大都，则仆偿前辱之责，虽万被戮，岂有悔哉！"这便是他的立志。

试想，如果刘邦没有立志，他还能够在抛妻弃子、一无所有后，坚持走到最后吗？后世的我们看待这样的刘邦，或许会跟看待秦末其他起义势力一样，付之一叹。如果当初司马迁没有立志，在遭受宫刑之后，他还能完成《史记》吗？后人还能看到这部"史家之绝唱，无韵之离骚"的皇皇巨著吗？其实，那些遭受一点挫折就萎靡不振的"天才"，最终成就往往不如"一条路走到黑"的普通人。在现实生活中，这样的例子比比皆是。

立志能够增加我们的韧性，提高我们的抗挫折能力与逆商，支撑我们穿过命运设置的重重迷雾，看到"沉舟侧畔千帆过，病树前头万木春"的勃勃生机。

设立上限

在"楚汉相争"中，除了项羽和刘邦，韩信是第三个可以左右历史走向的人物。他跟随刘邦南征北战，还定三秦、俘获魏王、破赵灭代、劝降燕国、夺取齐地，立下赫赫战功。可以说，刘邦的半个天下都是他打下来的。刘邦兵败彭城时，他已经占领齐地，手下有数十万军队和大片领地，与楚汉呈三足鼎立之势。

可是，从始至终，韩信只想做一个诸侯王。攻下齐地后，他给刘邦写信，"请封假齐王"。楚汉在垓下对峙时，他拥兵自重，既不反叛，也不出兵。后来，天下大定，刘邦登基，韩信获封楚王。几年后，刘邦开始剪除异姓王。韩信先是被贬为淮阴侯，军权被剥夺；之后又被吕后谋杀于长乐宫，三族被诛。

其实，韩信的悲剧早在一开始便注定了。刘邦想当皇帝，项羽也想当皇帝，韩信想的却是仗剑封侯，出人头地。目的达成了，自然也就没有更高的追求了。试想一下，如果当初韩信定下的志向是夺取天下，在楚汉对峙中作壁上观，历史最终的走向会如何呢？没有人知道答案。

历史没有如果，但从韩信的身上，我们能够看到立志的另一层含义：为自己设立上限。只有这样，才不至于在取得一定的成就后便志得意满，开始"摆烂"。韩信虽然具有卓越的军事才能，但他的志向仅限于成为诸侯王，这最终限制了他。一个人的成就往往受到其自我设定的目标的限制。如果一个人志向高远，可能就会达到更高的成就。

很多人都有过砍价的经历，这里有个有趣的问题：一件衣服，商家要价 100 元，你想 50 元买下，这时候应该开价多少呢？砍价老手都知道，应该开价 30 元，最终才有可能以 50 元成交。这就是兵法中常说的"求其上，得其中；求其中，得其下；求其下，必败"的道理。

我们可以把人生看作一条 0 到 100 的线，有的人目标设置在 90，最终可能会到达 50、70 甚至 80，但是，有的人目标就设置在 50，最终有可能凭借运气或机遇突破 60，但大多数的上限就在 50 了，这是一种很直观的方式。

通过深入分析刘邦、司马迁、韩信等历史人物的经历和选择，我们可以清晰地看到立志对个人命运的深远影响。无论是刘邦下决心改变命运，司马迁在逆境中坚持完成《史记》，还是韩信因志向有限而最终命运发生大转折，都强烈表明了立志的力量和重要性。

立志不仅是一个简单的目标设定过程，还是一个深刻的心灵和思想的转变，它能激发我们的潜能，增强我们面对困难的韧性，并引导我们朝着更高的成就前进。在现实生活中，我们或许不能成就一番大事业，但仍然可以从他们的故事中汲取灵感，为自己设定更高的目标，并在挑战和机遇中不断成长和完成超越。每个人的心里都沉睡着一头雄狮，很多情况下，我们不是不可以，而是没有目标，不敢去想。

找一个安静的地方坐下来，深呼吸，让自己完全放松下来，在脑海中想象：理想中的自己是什么样，自己想要过的生活是什么样。然后把那个画面描述出来，用现在进行时的口吻写下来，那就是你要寻找的真正的自己。

第二节

以若所为，求若所欲，犹缘木而求鱼也

《孟子》——立志的关键是选对方向

立志十分重要，但如何立志确实是一个技巧性很强的问题。事实上，由于每个人的出身背景、家庭环境、个人天赋以及机遇和挑战都有所不同，因此立志的过程也是高度个性化的。

选择大于努力

我高中时的一个同学，学习非常认真刻苦，对自己也特别狠，虽然没有到头悬梁锥刺股的程度，也不遑多让。宿舍晚上 10 点熄灯，他专门买了个手电筒，躲在被窝里看书，一直看到凌晨一两点钟。早上 7 点上早读课，他 5 点半就起床，在楼道里背课文，困了就用凉水抹一把脸，夏天时甚至会直接浇头。你肯定会问，他上课不会犯困吗？当然会，因此他常年站着上课。到了周末，别的同学有的在网吧，有的在球场，只有他在拼命刷题。

也许有人会问，他这样用功，成绩一定很好吧？事实恰好相反，他的成绩虽然不至于吊车尾，但常年处在中游，不管如何努力都无法前进。老师也很纳闷，一来是心疼，二来是疑惑，找他谈过很多次话，但总是找不到原因。其实，这里面的道理也很简单，用多元智能理论就能解释。

多元智能理论是美国教育心理学家霍华德·加德纳提出的。这一理论认为，智能不限于传统的逻辑和语言能力，而是包括多种不同类型，如音乐智能、空间智能、身体运动智能等，这无疑是对传统智力观念的重要扩展和挑战。在传统观念中，智力往往被视为一个单一的、主要基于逻辑和语言能力的量度。然而，加德纳教授的多元智能理论提出了一个更为广泛和多样化的智力框架。

加德纳最初提出了 7 种智能类型：语言智能、逻辑－数学智能、空间智能、肢体－动觉智能、音乐智能、人际智能和内省智能。后来，他又增加了自然观察智能和存在主义智能。这些智能类型涵盖了从数学、语言能力到艺术、音乐、身体协调能力以及对自然世界的理解等多方面的能力。

多元智能理论强调，这些不同类型的智能相对独立，一个人在某一种智能上的表现并不能决定他在其他智能类型上的表现。例如，一个在音乐上表现出色的人不一定在逻辑数学上也出色。

这样的例子在生活中比比皆是。譬如，很多患有高功能自闭症（High-Functioning Autism，HFA）的人在许多方面都堪称"天才"。高功能自闭症患者，通常指的是那些智商正常甚至高于正常，但在社会交往、沟通技巧和行为模式上存在困难的自闭症谱系障碍（Autism Spectrum Disorder，ASD）个体。这些个体可能会在某些特定领域，如数学、音乐、记忆力或艺术等表现出超常的能力。英国语言和数学奇才丹尼尔·塔梅特（Daniel Tammet）、艺术家斯蒂芬·威尔特希尔（Stephen Wiltshire）、职业冲浪运动员克莱·马尔佐（Clay Marzo）等人都是很好的例子。

人们都说"选择大于努力"，这绝不是一句虚言。《孙子兵法》中写道："故善战者，求之于势，不责于人。"对于个人来说，最大的"势"就是天赋。在低头看路之前，先要抬头看天，因为天赋不是由自己决定的。选择了对的方向，做事时就会事半功倍，不断获得正面反馈，进而持续不断地走下去。

热爱可抵岁月漫长

那么，如何找到自己的天赋将其作为真正的志向呢？应该遵从源自内心深处的渴望和兴趣，而不是外界的期望或压力。这种内在动机更有可能激发长期的热情，套用一句当代流行语就是"热爱可抵岁月漫长"。

从空气里赶出风

从风里赶出刀子

从骨头里赶出火

从火里赶出水

赶时间的人没有四季

只有一站和下一站

世界是一个地名

王庄村也是

每天我都能遇到

一个个飞奔的外卖员

用双脚锤击大地

在这个人间不断地淬火

这首诗是有"外卖诗人"之称的王计兵写下的《赶时间的人》。王计兵没有接受过系统的文学训练，甚至没有读完初中。19岁时，他跟随建筑队来到沈阳，成为一名农民工。与大多数工友不同，王计兵闲暇之余一直泡在书摊上，用他的话来说："那个时间段就是我在打工期间最快乐的时间。"后来，他回乡在家乡的河里捞沙，这份工作也不轻松。"结束一天的捞沙工作后，手丫和脚丫处往外渗着血……那种疼让你知道什么叫十指连心，就像是平时割破了手，然后撒上了辣椒粉的那种火辣辣的疼。"

那时候，读书和写字就成了他慰藉心灵的良药。王计兵不断在旧书摊淘书，多的时候一次能买回来一蛇皮袋，甚至把买衣服的钱都用来买书了。

一次偶然的机会，他在一本杂志的扉页上看到了投稿地址，"就像一个溺水者发现了一块木板一般兴奋"，便尝试着把自己写的小说投了出去，没想到一投就中。从此之后，他便不断寄出作品。然而，烦恼和麻烦也随之而来。

由于王计兵当时写的都是发生在村庄里的真实事件，许多人一眼就能看出来原型是谁。为此，他得罪了不少乡亲。为了不被打扰，他住进自家桃园里父亲用玉米秸秆建的看园小屋，每天捞沙之余，就窝在里面写作。久而久之，村里人开始谣传他有精神病。后来，为了体验小说中人物的丧亲之痛，他居然披麻戴孝。这件事彻底激怒了父亲。第二天晚上，等他捞完沙回到小屋时，发现自己20万字的手稿不翼而飞，最后才知道是被父亲烧掉了。王计兵悲痛欲绝，写下"你怕文字太轻，压不住棉花的漂泊。你怕下笔太重，撇捺如刀。你的人生是轻的，因此向上，可往事很沉，所以你终将低于尘埃"。

第二年，王计兵与妻子结婚，远赴新疆谋生。他决心不再写作，与妻子好好过日子。可是，过了一段时间，他又兴起了写作的念头，重新开始记录生活。写完之后，他总是兴高采烈地读给妻子听。可妻子对此没有任何兴趣，甚至有些反感。"在她的心里，一个男人可以大口喝酒大块吃肉，哪怕粗犷得像个土匪，也绝不可以多愁善感地闷在一个角落里写作。"从此，王计兵便再也没有向家人透露过自己内心的真实想法。

从新疆回来后，他又在山东打了七年工。之后去昆山摆过地摊，还开过书店，但始终惨淡经营，最难的时候，甚至连房租都交不起。直到2005

年，36 岁的王计兵终于安顿下来，开了一家日杂店，日子步入正轨。然而互联网经济的浪潮滚滚而来，实体经济受到巨大的冲击，王计兵又成了一名外卖员。

在长达 20 多年的时间里，无论生活如何艰难，王计兵从来没有放弃过自己的文学梦想，一有空闲就不停地写。他曾把诗写在"顺手捡来的纸张、纸箱子上"，当废品卖掉；也曾写下来给工友读，读完后"随手丢进灶台。第二天早上，伙夫便会用这张纸作为引火之物，烧火做饭"。

2023 年 2 月，这位 54 岁的"外卖诗人"出版了自己的诗集——《赶时间的人：一个外卖员的诗》。也是在这一年，他成为中国作家协会当年的新会员。

在诗集的自序中，他写道："几十年来，除了父母，没有任何人比文学陪伴我的时间更久。文学在我的心里早已超出了其本身，他是我心里的一口人，是我最亲密的人，无话不说的人。"正是有了这样的热爱，王计兵才得以走出生活的泥潭，奔赴自己的热爱。

选择的力量

在世俗的标准中，王计兵绝对算是成功人士。然而，在这个世界上，成功的人少之又少。《诗经》中的一句话大概能解释这背后的原因："靡不有初，鲜克有终。"这句话是说，做人做事，没有人不愿意善始，却很少有人能够善终。

与大多数人比起来，王计兵所面临的困难和挫折无疑是巨大的。从一个普通农民工到"外卖诗人"，他的生活充满了艰辛和不确定性。在这个过程中，他不仅要应对生活的物质困难，还要面对来自外界的不理解和质疑。他的坚持，不仅是对个人梦想的追求，更是一种对自我价值和生活意义的探索。而这一切，都源于内心深处最纯真的热爱，热爱就是方向。

因此，在立志时，我们首先要考虑的就是天赋与热爱。同时，还要在内心告诉自己：行路难，难于上青天。

第三节

是以志之难也，不在胜人，在自胜也
《韩非子》——"无节制"的自律要不得

小时候，你的梦想是什么？是成为科学家、宇航员，还是老师、医生？这些梦想现在实现了吗？长大之后，你的梦想又是什么？买一套属于自己的房子，拥有一辆豪车，甚至实现财富自由？这些梦想都实现了吗？

短期欲望与长期目标

其实，梦想和立志在本质上是一样的：都是一种想法，一个念头，一种对未来更好生活的向往和追求。它们代表了我们内心深处的渴望和目标，是驱使我们前进的动力。小时候的梦想往往纯真而不加掩饰，如成为科学家、宇航员等，这些梦想反映了我们对世界的好奇和对未知的向往。而成年后的梦想，如拥有房产、豪车或实现财富自由，更多地体现了我们对安全、稳定和物质享受的需求。这也能够证明，既然是想法，那就是很容易改变的。

《道德经》中写道："五色令人目盲，五音令人耳聋，五味令人口爽，驰骋畋猎令人心发狂，难得之货令人行妨。"这句话是说，缤纷的色彩令人视觉迷乱，纷杂的音调令人听觉迟钝，珍馐美味使人舌不知味，纵情狩猎使人心情狂乱，珍奇宝物使人行为不轨。世界如此光怪陆离、纷纷扰扰，我们的想法自然也会随之改变。

《韩非子·喻老》中写道："志之难也，不在胜人，在自胜。"意思是立志最难的地方，不在于战胜别人，而是战胜自己。因此，必须要把短暂欲望和长期目标区分开来。

短期欲望通常与即时的满足和快乐相关，它们可能是冲动的，不需要长期的规划和努力。例如，购买最新的电子产品、享受奢侈的晚餐或看一场电影。这些欲望虽然能带来短暂的快乐，但它们的效果往往也是暂时的，不会给我们的长期发展带来实质性的帮助。这些就是《道德经》中提到的"五色""五音""五味"等。

长期目标是指那些需要时间、努力和坚持去实现的目标。它们与个人的核心价值观、长远的职业规划或生活愿景紧密相连。例如，完成高等教育、建立成功的事业或养成健康的生活习惯。这些目标的实现通常需要长时间的投入和持续的努力，但它们也能带来更深远的满足感和成就感。

"反自律"

那么，如何才能摆脱外界的纷纷扰扰，让自己始终朝着目标前进呢？自律是一种很好的办法，但是我们在这里并不提倡自律。

在成功学语境中，自律是出现频率最高的词汇之一。在"成功学家"们的不断渲染与强调、不厌其烦地教授方法之下，自律俨然已经成为通向成功之门的金钥匙，还形成了一套完整的逻辑闭环。当今社会，我们随处都能看到关于自律的流行语，如"自律使我自由""自律，是人生最美丽的姿态""自律即自由""自律成就人生"等。

康德是成功学和鸡汤文中最常出现的典型代表人物，也是"自律即自由"的提出者。康德的生活可以用"一成不变"来形容。他天生身体羸弱，为了保证健康，在长达数十年的时间里，他始终坚持自己的一套生活准则，从没有出现过任何差错，时间无比精确。据说当地居民都能够按照他散步的时间来调整钟表。

毫无疑问，康德是自律的，也是一位伟大的哲学家。但是，"成功学家"们将自律渲染成他成为哲学大师的唯一原因，无疑是不全面的。这种简单粗暴的方法，忽视了个人天赋、努力、机遇和环境等因素，很容易使人产生一种误解：只要足够自律，就能获得成功。而这种说法之所以能够大行其道，收获无数"信徒"，就是因为它足够简单。任何理念，只要足够简单、足够有吸引力，就能迅速获得认可，因为曲高必然和寡。

但是，我们必须要明白一个道理：从本质上讲，自律是反人性的，甚至会成为普通人的负担。

从生理机制的角度来看，人性中有一种根深蒂固的倾向，那就是寻求即时的满足和避免不适。在长达上百万年的进化过程中，人类的大脑发展出了一套复杂的神经系统，用于驱动和奖励有助于生存与繁衍的行为。

多巴胺是一种神经递质，与快感和奖励紧密相关。在进行能立即带来满足的活动（如进食、性行为或获得社交认可）时，大脑就会释放多巴胺，给予我们愉悦感。这种即时奖励机制又鼓励我们重复这些行为。

在面临威胁或压力时，人体会启动应激反应，释放肾上腺素和皮质醇等激素，使我们能快速反应以避免危险或不适。比如，一个原始人在野外遇到猛兽时，他的身体会经历一系列神奇的化学和生理反应。首先，下丘脑分泌促肾上腺皮质激素释放激素（CRH），刺激垂体前叶分泌促肾上腺皮质激素（ACTH）。随后，ACTH 促使肾上腺分泌皮质醇和肾上腺素。肾上腺素能够增加心率，加快血液流动，扩张气管，使更多氧气送达肌肉和重要器官。这些变化让个体具备快速逃离或战斗的能力。皮质醇可以释放额外的葡萄糖，为身体提供即时能量。同时，它抑制非紧急反应，比如消化、生殖系统功能和免疫反应，以便身体将所有资源集中应对紧急情况。如果长期自律的过程中伴随着过度的压力、焦虑或过高的期望，就会使人长期处于应激反应中，导致一系列健康问题，包括焦虑、抑郁、心脏病、睡眠障碍和记忆力减退。

这种机制促使我们本能地避开可能引起痛苦或不安的情况。大脑倾向于沿用既有的思维和行为模式，因为这些在过去曾经有效。当一个行为被重复执行时，大脑会形成固定的神经通路，使这种行为变得更加自动化和容易执行。因此，改变习惯或行为模式需要额外的认知努力。

自律要求我们延迟满足，忽视身体和心理的即时需求，以实现更远大的目标。这意味着我们必须经常与自己的本能和欲望作斗争。这种内在的冲突是自律反人性的核心因素所在。要求一个人长期违背自己的本能和即时的欲望，就需要意志力的长期介入，这对于我们自身来说，是一种极大的消耗。

从生理学的角度看，意志力是一种"消耗品"，而且数量有限。意志力主要与大脑中的前额叶皮质相关联，特别是涉及执行功能的区域。这些区域负责高级认知功能，包括决策、规划、抑制控制、注意力和问题解决等。前额叶皮质位于大脑的前部，是执行功能的主要所在地。这些执行功能包括对复杂情境的反应、目标设定、行为规划、抑制不当反应等，这些都是意志力的关键组成部分。

长时间依赖意志力进行决策和抵制诱惑会导致意志力的枯竭，这被称为"意志力疲劳"。这种疲劳感让人难以维持自控力，从而可能导致冲动行为和决策失误。长期的自我控制以及对完美的追求可能会增加心理压力和焦虑。这种持续的心理压力对情绪和健康都有不利影响，可能导致情绪低落、焦虑或睡眠问题。当个体反复经历意志力枯竭和失败时，可能会对自己的能力产生怀疑，降低自我效能感。这种持续的失败感可能会导致个体动力下降，甚至放弃追求目标。

这些都是我们"反自律"，或者准确地说，是反对长期无节制自律的原因。

平衡

那么，"反自律"就意味着放纵欲望吗？当然不是，世界不是非黑即白的，也不是非此即彼的。我们需要做的，是在自律与"反自律"之间寻找平衡。

宋明理学是中国古代最为著名的学派之一，"存天理，灭人欲"是其核心观点。这一观点认为，人应当遵循天理（即宇宙的道德原则和自然规律）的指导，抑制个人的私欲和情感。这种思想强调道德理性的重要性，并认为通过修身和遵循天理可以达到道德的完善。

天理和人欲怎么区分呢？朱熹有一个十分经典的界定：人需要吃饭喝水，这是正常的天理；而想要吃山珍海味，这就是人欲。（"饮食者，天理也；要求美味，人欲也。"）这种价值观要求人们持续不断地通过自律来完善道德，按照"禁欲主义"那一套去修行。然而，实际情况是什么样呢？

据《宋史》记载，南宋庆元二年（1196年），"监察御史沈继祖劾朱熹"，列出了两条骇人听闻的罪状：第一条是"诱引尼姑二人以为宠妾，每之官则与之偕行"，第二条是"冢妇不夫而自孕"。这两条让人认为，朱熹提出的理念自己都做不到，他也因此被后世扣上了"假道学"的帽子。

心学是与理学针锋相对的另一个重要学派，至今仍然备受推崇。王阳明认为，"心即理"，人心就是天理，就是规则。从这个角度来看，理学认为要从外部世界去寻找、制定规则，心学则把人作为规则的主体。这与古希腊哲学家普罗泰戈拉提出的命题"人是万物的尺度"类似。

心学的核心观点是"知行合一"。孔子说："知之为知之，不知为不知，是知也。"《尚书》中写道："非知之艰，行之惟艰。"孔子注曰："言知之易，行之难。"大道理人人都懂，但真要做起来往往难上加难。谁都知道要努力上进，要诚实守信，要不断学习，要努力完善自己。但是，真正能做到的寥寥无几。

王阳明说，仅仅是知道而没有做到，就是不知道，这就是"知行合一"。"知"不仅仅是对道德真理的认知，更是一种内在的、直观的理解和领悟。这种"知"是与行为紧密相连的，因为真正的理解必然导致相应的行动。"行"即行为，不仅仅是对"知"的体现，也是一种深化和验证"知"的过程。在实际行动中，个体深化对道德真理的理解和体验。真正的道德和理性的认知（知）必须通过实际行动（行）来体现和验证，而通过行动能够进一步深化和完善对道德真理的理解。这种循环不仅强调了理论与实践的统一，也体现了个体内心世界与外部行为的和谐一致。

通过"知行合一"，将志向内化为一种发自内心的、自觉的行动，变成一种下意识的举动。这样一来，就不再需要意志力的介入，而是成为一种自然行为。

这样说或许有点抽象，我们来举个具体的例子。宋代时，曾巩到临川凭吊墨池遗迹，写下《墨池记》。他在文章中写道，东晋大书法家王羲之很仰慕张芝，便"临池学书"，在池中洗墨。久而久之，整个池子里的水都被染成了黑色。于是曾巩感慨道："羲之之书晚乃善，则其所能，盖亦以精力自致者，非天成也。"

王羲之临池写书，是出于自律吗？恐怕不是。更多的是因为他热爱书法，把张芝作为偶像和目标，激励自己应该勤学苦练，于是便自觉地去写、去临摹，这便是"知"与"行"的统一。在做这件事时，他不需要意志力的介入，是快乐的。

知行合一

在现代社会，我们面临着各种外部压力和内心冲突，使得实现"知行合一"变得更具挑战性。但是，如果我们能够将这一理念融入日常生活，就能更加自然地实现个人的成长和完善。

首先，认识到内心动机的重要性是关键。例如，在职场上，一个人可能知道持续学习和提升是重要的，但仅凭意志力去实现这一目标，往往难以持久。如果能够找到内在的兴趣和激情，比如对某一技能或领域的真正热爱，那么学习和提升就会变得更加自然愉快。届时这样的行为将不再是单纯的自律，而是一种内心驱动的自然流露。

在家庭生活中，父母都知道给予孩子爱和耐心是重要的，但在日复一日的繁忙和压力中，持续这样做会变得困难重重。当父母能够深入理解并感受到与孩子互动的内在价值和乐趣时，这种行为就会变得更加自然。这种理解包括意识到孩子是独立的个体，拥有自己的情感和需求。在传统语境中，很多父母会把孩子当成自己的附属品，孩子只要表现出"叛逆"，就会触发他们内心的"红线"，动辄辱骂责罚。这是因为没有把孩子当成一个与自己平等的"人"来看待，没有给予孩子最基本的尊重。只要从根本上意识到这一点，与孩子交流中的很多难题就会迎刃而解，这也是一种

"知行合一"。这样一来，父母的爱不再是一种责任或义务，而是一种心灵的自然流露。

在教育领域，教师知道激发学生的兴趣和创造力是关键，但在传统的教育模式下，这往往会变得枯燥和机械。如果教师能够凭借自己对教育的热爱和对学生的真诚关怀，创造出更具创意与互动性的教学方法，那么教学就不再是一项任务，而是一种享受和创造的过程。

最终，通过"知行合一"，我们可以将自己的理想和志向转化为自然的行为和习惯，从而在不被外部强迫的情况下实现自我提升和完善。这种方法不但更加有效和持久，而且能够带来更多的内心满足和幸福感。

第四节

知人者智，自知者明

《道德经》——好高骛远要不得

　　我有个朋友，今年快 50 岁了。他很健谈，也很有心劲儿，每次聊天，他总能滔滔不绝地讲上几个小时。讲到激动时，还会和你"手舞足蹈聊梦想"。他的梦想很大，且易变。从十几岁起，便一直想着要做大买卖。别人摆摊，他要开超市；别人卖零食，他要开工厂；别人种地，他要做"农场主"。有一次，他甚至想开家银行，并做了十分详细的规划。每次见他时，他总有新的"梦想"。

　　按理说，他该过得很好，但事实恰好相反。他是十分典型的好高骛远之人，小的看不上，大的做不了，外债很多，生活很惨，家庭不睦，四邻不安。一来是因为他自视甚高，什么都想要好的。他赚得少花得多，一年收入两三万元，随便一件冬天的衣服都要上千元。他在农村的自建房高度必须压过所有人，结果几十万砸进去，几十年翻不了身。二来是因为他只想不做。他这人说起来倒也不懒，很勤快，一分钟都闲不下来，但目标定得太高了，真的是"老虎吃天，无从下口"。

人生需要一条"线"

其实，现实生活中这样的人并不少见，你身边可能也有。他们总是梦想太大、能力太小，想法太多、实践太少。把自己看得太高，什么都想要最好的，日常花销自然就比别人高，加上眼高手低、收入微薄，自然只能惨淡经营。

现在很流行"伪中产"：衣服、包包一定要是大牌的，博柏利的风衣至少要有一件。出行时首选自行车，但不能是共享单车，也不能是捷安特、美利达这种大众品牌，最佳选择是 Brompton（布罗姆顿）。再穿上始祖鸟的冲锋衣、Lululemon（露露乐蒙）的瑜伽裤、Salomon（萨洛蒙）的鞋子，手腕戴上 Apple Watch（苹果手表），耳朵里塞上 AirPods（苹果耳机），背上 The North Face（北面）的双肩包，去 Wagas（瓦咖）吃一顿轻食，吃不饱没关系，价格贵咬咬牙也能接受，只要能美美地拍出一组九宫格照片，发到朋友圈、小红书，再配上一段直击灵魂深处的文字，点赞量必须是破 500 的。新开的网红店铺必须要第一时间去打卡，排队时间不到半小时的不去，因为没有等待的美食不足以慰藉灵魂。房子必须租在繁华地带，装饰必须是有氛围感的，因为房子是租的，但生活不是。通过对中产生活的全面复刻，"伪中产"们获得了一种"成为富人"的错觉，但日渐干瘪的钱包却让他们在焦虑中不断挣扎，苦心经营的精致生活背后，是长长的信用卡账单和还不完的小额贷款。这种生活就是一种典型的认知错位，将追求高品质生活的表象误认为是真正的中产生活。这样的人往往在外表上追求奢华和炫耀，购买价格昂贵的品牌，参与热门的潮流活动，以图在社交媒体上展示自己过得有滋有味。然而，这只是一种表象，他们实际的经济状况并不能支持这种生活方式。

坊间有一个流传甚广的故事，主角是弘一法师。据说，有一位年轻人去拜访他，发现他挑着两桶水，但是都没有装满。年轻人很奇怪，问他缘由。法师没有说话，而是给了他两个水桶，让他自己去挑一次水，但必须得挑满满两桶回来。

于是，年轻人挑了满满两桶水。但山路崎岖，十分难走，走到一半时水就洒出来不少，只好回去再挑。这一次，他更是直接被绊倒了，桶里的水全部洒了，只好悻悻返回。弘一法师这才指着桶中的一条线说："挑水之道，在于力所能及，自己要知道自己的能力极限和外部环境。看似挑了满满两桶水，但路上洒了、倒了，还不如只挑半桶。"这条线就是法师给自己设定的能力极限。每个人的人生，也都需要这条线。

认识你自己

古希腊的阿波罗神庙的门楣上刻着一行字——"认识你自己"。传说这是雅典城建成时，神留给世人的箴言。这行字看着简单，真正做到却十分困难。苏格拉底把自己比作"牛虻"，他说："我这样的人，打一个滑稽的比方来讲，就是一只牛虻，由神赐予城邦的牛虻。我们的城邦就像一匹高贵伟大的战马，因为身躯庞大导致行动有些迟缓，你要经常刺激一下它才会有活力。我就是上天赐予城邦的牛虻，一天到晚我都烦在你们大家身边，鼓励你们，说服你们，责怪你们。因为像我这样的人是不容易找到第二个的。"

苏格拉底最大的爱好就是找各行各业的人对话，与他们进行辩论，让每个人都能够更好地认识自己。一次，苏格拉底与朋友欧绪德谟对"认识你自己"这句神谕展开了一次深刻的讨论。苏格拉底问他有没有听过这句神谕，有没有思考过这个问题。欧绪德谟说，他从没有注意过。而且，他认为自己已经在神庙中获得了启示，不需要去思考神谕的含义。苏格拉底便问他：要买一匹马，是不是得花很长时间去观察？看它是否健康、强壮？买马时，为什么不直接去神庙问一下祭司能不能买，反而自己去观察呢？欧绪德谟这才恍然大悟。原来，如果你无法做到认识自己，即使其他人给了你建议，你也无法运用，这就是认识自己的重要性。

举个简单的例子。电视剧《西游记》中有个很有趣的桥段：碧波潭万圣龙王的女婿九头虫，将祭赛国金光寺宝塔里的佛宝舍利给盗走了。唐僧师徒路过此处时伸张正义，抓住了他的手下灞波儿奔。后来，灞波儿奔死里逃生，回去给主子报信，说那孙猴子如何厉害，唐僧徒弟如何了得。结果，九头虫和万圣公主商量了一下，让灞波儿奔把唐僧师徒除掉。灞波儿奔听罢表情十分复杂，充满了震惊、惶恐、难以置信。试想，如果灞波儿奔认识不到自己的实力，真的听从主人安排去大战孙悟空，那不是送命是什么？

这虽然是戏言，但类似的情形在职场和生活中却并不少见。伊壁鸠鲁说："人没有什么是自己固有的，除了自以为是。"人在确立目标时，总是会不自觉地高估自己的能力，这是来自生存本能的需要。

在人类进化的早期阶段，生存和繁衍是最重要的本能。在追逐猎物的过程中，个体需要具备足够的信心和自信，以迎接激烈的竞争并克服各种困难。过度自信会激发狩猎者更积极地参与追逐，更有勇气冒险，从而提高捕猎成功的机会。

此外，建立社会关系也是早期人类生存的重要方面。在社会生活中，个体需要展现出一定的自信，以吸引潜在的伴侣或社会合作伙伴。在这个阶段，过度自信会使个体更具吸引力，显示出更强大、更有竞争力的形象，有助于与他人建立更为稳固的社会关系。

然而，随着社会的演变，特别是在现代社会中，过度自信可能会在某些情境下产生负面影响。在团队合作、社交互动和解决复杂问题等现代社会场景中，需要个体具备客观评估能力、合作精神并适度谦逊，过度自信可能导致判断偏见、无法合作以及对他人意见的忽视。

我们总是过于乐观，还没有买彩票，就已经开始幻想中大奖后的生活了；项目还没有开始，就已经开始想象款项到账后要买的东西；投资时总是不断放大盈利点，忽视风险与行业的复杂性，导致最后血本无归，一些奶茶店的集体倒闭就是很好的例子。调查报告显示，仅 2023 年上半年，倒闭的奶茶店就有约 8 万家。

有一个最简单的道理可以让人清醒：如果赚钱真的有想象中那么容易，这个世界就不会有穷人了。而门槛越低的行业，"内卷"就越严重，也越容易倒闭。

"打碎"自己

因此，认识自己的能力上限显得极为重要，也十分必要。那么，如何认识自己呢？首先是把自己"打碎"。

这里说的"打碎"，是打破心里的本能壁垒，听取负面评价。对于这个问题，我们还是要刨根问底。从进化的角度看，人类这种不喜欢听取反对意见的倾向可能与生存和社会互动有关。在早期的人类社会中，个体的生存和繁衍通常依赖于其所属的社会群体，保持与群体的认同感和协作很关键。因此，对于可能导致与群体认同不一致的意见，个体可能会表现出抵触，以维护群体认同和减少排斥。另外，在进化的过程中，避免冲突有助于个体的生存。听取反对意见可能导致争论和冲突，而在群体中引发冲突可能会对个体的安全和生存造成威胁。因此，避免与他人的意见相抵触可能是一种自我保护机制。

世上有三种"愚"人：第一种是天生智力比较低，这是无法改变的；第二种是习惯做蠢事，这是愚蠢；第三种是不能听取别人的意见，拒绝进步，这是愚昧。

第三种人的口头禅是"你听我说"。当别人发表意见时，他总是打断，然后滔滔不绝地开始讲自己的观点。当你给他提意见时，他总是习惯性反驳，接着把你打入"敌人"的队列。他们拒绝沟通，拒绝进步，拒绝一切反对意见。

中国有句古话叫"三岁看大，七岁看老"。在教育资源匮乏的古代社会，一个人出生时的境况，大概率就决定了他以后的生活水平和性格。如果生而为农民，他大概率是没有渠道去接触外部世界的，只能一辈子面朝黄土背朝天，把父亲的话奉为圭臬，把教条当作宝典，一辈子不敢越雷池半步。这种情形说"三岁看大，七岁看老"自然没有问题。

然而，我们生活在一个信息如此发达的社会，大多数人都接受过教育，只要愿意，甚至能在互联网上免费学习"985 工程"高校的课程。如果此时还适用"三岁看大，七岁看老"，那将会是一种巨大的悲哀。

因此，认识自己，最重要的是先打开自己，让批评的声音进入耳朵，不要在第一时间进行反驳，而是先思考："我这样做到底对不对？"这就是曾子说的"吾日三省吾身"。可以从别人的话中吸取教训，而不是一定要自己跌得鼻青脸肿。

此外，为自己设置一个可以量化和衡量的目标，更好地了解自己的真实水平和能力。例如，SMART 就是一个十分实用的模型，具体是指：

● **具体（Specific）：** 目标应当具体明确，避免模糊不清。一个具体的目标应该清楚地定义你想达成的结果是什么，包括具体的行动计划。

● **可衡量（Measurable）：** 目标应当可量化或至少提供一种衡量进展的方式。当你可以衡量进展时，就能够保持动力，看到你朝着目标前进。

● **可达成（Achievable）：** 目标应当现实可行，既有挑战性，又在你的能力范围之内。如果目标难以达成，可能会导致挫败感。

● **相关（Relevant）：** 确保目标对你的个人成长、职业发展或长远目标是重要的。这样的目标更有意义，也更容易激发动力。

● **时限（Time–bound）：** 为目标设定一个明确的时限。

通过 SMART 模型，我们就能够对自己的能力有一个十分清晰的认知，知道上限和下限分别在哪里。

老子说："知人者智，自知者明。"人最重要的是要有自知之明，"好说己长便是短，自知己短便是长"。愿每一位读者都能够做到认识自己，在此基础上发现自己的天赋，确立志向，一路向前。

第五节

假舆马者，非利足也，而致千里
《荀子》——选择对的平台，事半功倍

范增的悲剧

如果把秦末乱世中的谋士做一个排名，范增绝对能够名列前茅。陈胜、吴广揭竿而起时，范增已经年届七十。俗话说，人到七十古来稀。在古代，这个年纪的老人基本上都在颐养天年，或许连抬脚动步都有困难。可是，范增虽然老骥伏枥，但仍然志在千里，想要在乱世中成就一番丰功伟业。

后来，陈胜被杀，张楚大旗倒下。范增分析天下大势之后，认为投奔项梁是最好的选择。一来楚怀王客死秦国，秦国在灭亡楚国时，手段极其残忍，导致楚人对秦国的仇恨最深，有"楚虽三户，亡秦必楚"的说法；二来楚国的军事实力强大，当时项梁已经率领八千子弟兵渡江而西，又集结了其他几股起义军，成为首屈一指的人物。

因此，范增毫不犹豫地投奔项梁，为他分析了陈胜失败的原因：陈胜自立为王，无法号令天下。他建议项梁拥立楚王的后裔，将反秦力量集中到一起。项梁深以为然，便在民间找到了替人放羊的熊心，立为楚怀王，

重新建立楚国政权。项梁则"挟天子以令诸侯"，将各股势力纳入麾下，实力不断壮大，逐渐能够与秦分庭抗礼。

后来，刘邦崛起，带领军队进入咸阳。范增认为，假以时日，刘邦必然会成为西楚政权的头号劲敌，便设计了鸿门宴，准备在宴会上杀死刘邦，将这股势力扼杀在萌芽中。可是，谁知项羽刚愎自用，认为小小刘邦根本掀不起什么风浪，眼睁睁看着刘邦跑了。范增气得"受玉斗，置之地，拔剑撞而破之"，哀叹道："唉！竖子不足与谋！夺项王天下者必沛公也。吾属今为之虏矣！"

彭城之战时，刘邦被困荥阳，如同笼中困兽，弹尽粮绝，只好派人向项羽求和。范增向项羽提议，一定要乘胜追击，彻底消灭刘邦。这时，刘邦的谋士陈平提议，可以利用项羽多疑的性格，使用反间计，刘邦大喜。项羽的使者到来后，陈平先是让人准备了十分精美的菜肴，之后他故作惊讶地说："我以为是亚父派来的使者，没想到是楚王派来的。"随即把饭菜撤走，换成了粗劣的饭菜。

使者回去报告了这件事，项羽果然"大疑"。范增让他赶快进攻荥阳，项羽不听。范增大怒道："天下事大定矣，君王自为之。愿赐骸骨归卒伍。"在回去的路上，范增就因为背疽发作而死。

范增是项羽背后最重要的谋士，甚至被尊为"亚父"。无论是对天下局势的分析、立楚怀王，还是鸿门设宴、急攻荥阳，范增都展现出了极高的谋略水平。如果项羽听从范增的建议，在鸿门宴上或荥阳彻底消灭刘邦，之后的历史走势都会改变。可是，项羽却连续错失时机，最终落得四面楚歌、乌江自刎的结局。

做乘法

对于范增来说，西楚就是他发挥才能的平台。与之相对，刘邦集团的萧何、陈平、张良也都是顶级谋士，最终都获得了善终。这就是选对平台的结果。

平台和个人的关系就像"做乘法"，平台既能够放大个人能力，也能够限制个人发展。如果平台是 0.1，你的才能是 100，最终的结果就只有 10；如果平台是 1，你的个人能力是 100，最终就能够发挥百分百的效果；如果个人能力仍然是 100，而平台是 10，就能发挥 1000 的效果，这时平台对于个人能力的加持是呈指数级攀升的。

荀子在《劝学》中说："登高而招，臂非加长也，而见者远；顺风而呼，声非加疾也，而闻者彰。假舆马者，非利足也，而致千里；假舟楫者，非能水也，而绝江河。君子生非异也，善假于物也。"平台对于我们来说，就是起到这样的作用。

约夏·贝尔是美国著名小提琴演奏家，曾获得过格莱美奖。2007 年，《华盛顿邮报》邀请他在地铁口假装街头艺人，进行了一场社会实验。在 43 分钟内，这位音乐家连续演奏了巴赫、舒伯特等人难度极大的曲目，其间有 1000 多人经过，只有 7 个人驻足观看。最终，他只获得了 32 美元的收入，其中还包括一个认出他的人，一次给了 20 美元。然而没有人知道，他手里的小提琴就价值 350 万美元，也没有人能够想到，这位街头艺人竟然是一位大音乐家。如果想要在波士顿剧院欣赏同样的演出，票价高达 300 美元。

一样的人、一样的小提琴、一样的音乐，只是换了一个地方，引起的效果竟然有如云泥。知名音乐家尚且如此，更何况是我们普通人呢？

近两年有个"专家"在互联网上的发言被广泛声讨，大概意思是年轻人找工作不要只盯着钱看。结果被很多网友怒怼：不看钱看什么？其实，这句话是有合理性的，人们反驳或许只是出于对"专家"的反感。

我有个朋友非常厉害。她大学念的是某 211 高校的机械专业，成绩很好，每年都能拿到奖学金。毕业后有个飞机制造厂想签她，起始月薪 6000 元，家里人和朋友都劝她入职。她却说对这份工作没有兴趣，选择自考注册会计师。

注册会计师有多难考？首先是科目多，书本厚，复习时间短。一共有 6 门。从 2013 年到 2022 年，这 6 门的平均通过率最高只有约 27%，最低不过 17%。根据中注协发布的《2021 年注册会计师全国统一考试成绩公布》，专业阶段考试平均合格率为 22.91%。除此之外，考试的周期也很长，要在 5 年内通过这 6 门考试，大多数人拿证都在 3 年以上，这还是在把所有精力都投入学习的前提下。

而我的这位朋友，她一边工作一边自学，一直考了 5 年才拿到注会证。有一次闲聊时，她说自己换工作了，在大所从头做起。当时，她已经在小所当上小领导，开始带项目、拿分成了。我问她小所不香吗？钱多事少，还不用天天出差。她告诉我，大所虽然忙，但能跟大项目，这种经验不是在小所能够拥有的，哪怕做几年再跳槽，收入也能翻倍。后来的事实证明，她说得没有错。

这是个很实际的问题。人生是漫长的旅途，一定会经历高低起伏，或者由高到低，或者由低到高，甚至有可能是一条波浪线。在规划职业时，目光可以放长远一些，选择对的平台。为长远计，为未来计，或许是更好的选择。

从短期看，好的平台或许到手的薪资少、工作量大、业务繁忙，但它能够提供的资源、履历和视野绝不是小平台所能比的。

时与势

那么，什么样的平台才算是好平台呢？

回到立志上，首先，要选择自己感兴趣的行业，只有这样才能保持热情，在行业中走得更远。此外，个人兴趣与行业的契合度越高，就意味着更有可能在这个领域保持持续的学习热情。

其次，专业成长和学习机会是衡量一个平台好坏的重要标准之一。一个优秀的平台不仅能提供即时的工作机会，更重要的是能够为个人长期的专业发展和技能提升提供支持。

最后，选对行业是关键。《孟子·公孙丑章句上》中写道："虽有智慧，不如乘势；虽有镃基（农具），不如待时。"所谓"势"，就是时代发展的方向，个人是无法与趋势抗衡的。所谓"时"，就是时机、机会。

总的来说，可以把握住一个原则：能选新兴产业，不选夕阳行业；能选大平台，不选小平台。在人工智能和自动化发展日新月异、环境瞬息万变的大背景下，有的行业甚至会直接"消失"。世界经济论坛（World Economic Forum,WEF）发布的《2023年未来就业报告》指出：由于技术发展、产业调整、自动化等因素的影响，未来5年世界将会减少8300万个就业岗位，但同时也会带来新的机会，增加6900万个工作机会，净减少1400万个工作岗位。分析性思维、创造性思维以及人工智能和大数据能力将会成为关键。而根据美国《财富》杂志发布的调查报告，已经有50%的美国企业开始在日常工作中使用人工智能了。

最后附上未来5年增长最快的十大岗位，供大家参考：人工智能与机器学习专业人员、可持续发展专业人员、商业智能分析师、信息安全分析师、金融技术工程师、数据分析师和科学家、机器人工程师、电工技术工程师、农业设备操作人员、数字化转型专业人员。

第六节

大直若屈，大巧若拙
《道德经》——静心是关键

叶浅韵在散文《坡，可以是一个量词》中写道："许多人的野心被才华做大了，但不是所有的才华都能做大野心。庸人自扰和作茧自缚都会成为不请自到的客人……"在生活和工作中，很容易出现能力与目标不匹配的情况，人也很容易陷入焦虑。佛家说，贪、嗔、痴、慢、疑是五毒心，也是烦恼产生的根源。人容易产生的这种焦虑，大概就是"贪"。

风口与能力

互联网上有一句很流行的话："站在风口，猪都能飞起来"。我有一个朋友就很"贪"。他前些年抓住动画的风口，做了一个素材网站，很是赚了一些钱，令他对风口有了一种莫名的迷信，从此再也不肯脚踏实地。这几年他做过很多项目，但都没怎么盈利，有些还亏了不少。这让他十分困惑，只能诉诸玄学，找了一位"大师"答疑解惑。大师告诉他，眼下的项目就很好，只要坚持做下去，一定能大赚特赚。朋友欣喜若狂，给大师包了个大红包，回去之后就启动了项目。

这个项目也是所谓的风口，与 AI 有关，我也参与了。后来，项目推进了几个月，投资不少，一分钱收益也没见着，只好再次搁浅。朋友去问大师，为什么项目没有赚钱。大师说，那是因为方向错了，必须调整一下。朋友告诉大师，自己又有一个新项目，不知道前景如何。大师双目紧闭，手指连掐带算，口中念念有词。最后，大师拿出纸笔写写画画，又拿出手机翻了几下，信誓旦旦地保证，这个项目绝对能做，错不了。朋友又信了。就在前几天，项目又失败了。不过，据说大师又有了新的指示。我劝过他很多次，但是没有任何效果。

朋友很焦虑，也很困惑："我这么厉害的人，项目竟然会失败？"事后我想了想，他的项目之所以会失败，大抵是两个方面的原因。

第一，认知偏差，对自己的能力太过自信，认为自己"天下无敌"，只要是认定的项目，绝没有不成的道理。这种认知，来源于第一次的成功。很多人都是这样，错把风口带来的红利和运气当成自己的能力，丝毫听不进去别人的意见，一意孤行。再加上能力确实欠缺，审美也有点不在线，最后只有归于失败，别无他途。

第二，不肯脚踏实地，想要赚"快钱"。你跟他说细水长流，他跟你说网站大赚特赚；你跟他说一口吃不成胖子，他跟你说网站大赚特赚；你跟他说不要心浮气躁，他跟你说网站大赚特赚。一个人一旦陷入某种思维定式，就很难再扭转过来了。譬如这位朋友，他只关注和信任那些支持他已有看法（即网站能够大赚特赚）的信息，而忽略或质疑那些与他预设信念相反的信息。

其实，这位朋友的影子在很多人身上都能看到。这类人总是想着一步登天，追求快速成功，只抬头看天，不低头看脚下。尤其是在快节奏的现代社会，人们越来越习惯于快速获得满足和回报。而那些一夜成名的网红、那些年收入好多"小目标"的主播都提供了造富捷径的示例，不断加强这种思维。加上互联网的发展和信息爆炸，无论在手机上、电视上还是电脑上，我们都能看到不同阶层之间生活上的巨大差距，从而产生一种错觉：这就是现实生活。浮躁、焦虑、贪嗔痴也就随之而来，无法抑制地在人与人之间狂飙似的传播，进而影响到社会风气，影响到每个人。这其实也是一种认知偏差。

幸存者偏差

有一次跟朋友聊天，他问我为什么不写网络小说，"那东西多赚钱"。他又拿出手机，让我看一条短视频，内容大概是某作者年入数百万。其实他不知道，中国目前社会科学院文学所发布的《2022 中国网络文学发展研究报告》显示，中国目前有 2200 多万名网络文学作家，而在这样庞大的群体中，能够年入百万的寥寥无几，甚至连能够满足温饱的都少之又少。另一份调查报告显示，收入在 2000 元以下甚至暂无收入的网络文学作家群体，占到总数的 44.6%。

这位朋友后来也开始了自己的网络文学创作之路。据他后来说，过程十分痛苦，一天憋不出一千个字，好不容易凑够签约的字数，却直接被编辑无情拒绝。不过，这位朋友十分有韧劲儿，后来又重新写了一本。这次倒是签约了，不过却没有订阅、没有打赏，甚至没有人愿意看，令他感到十分挫败。再见到他时，他已经放弃了"年入百万"的计划和文学梦想，又拿出手机说："你看，拼多多爆发式增长，你知道这意味着什么吗？"我回答："意味着拼多多赚了很多钱？"他说："你真是肤浅，意味着练摊儿能赚大钱，这都不懂。"

任何行业中我们能够看到的光鲜亮丽的个体，几乎都是在行业金字塔顶端的极少数的人；而顶端之下，是无数默默无闻、苦苦挣扎的群体。在媒体铺天盖地的宣传下，很容易给我们造成一种幸存者偏差：这个行业真赚钱。过度关注成功者、忽略失败者，会使人们错误地认为成功是常态，从而高估自己在这个领域成功的可能性。而类似的幸存者偏差在每个行业都存在，如知名歌手与数量庞大的行业从业者、知名演员与无数默默无闻的群演甚至缺少曝光的专业演员等。

更严重的是，我们在决定从事某个行业时，想的往往都是那些"成功人士"。一旦进展与自己的预期不符，焦虑、怀疑、恐惧等负面情绪便会如野草一般在心里疯长，最后或中途放弃，或潦草收场。这样的事，我们已经屡见不鲜。

王阳明曾做过一个很有趣的比喻：立志就像种树，种下根之后，先有芽，才会有干，之后才会有枝，再之后才会长叶、开花、结果。一开始种下根时，只管栽培灌溉，"勿作枝想，勿作叶想，勿作花想，勿作实想"，空想没有任何意义。王阳明以树木的生长过程比喻学习或修行的阶段性和自然发展，强调在每个阶段专注于当下的努力，而不是急于求成或过早地关注结果。想一想，我们之所以焦虑，就是因为追求的结果与现实之间存在巨大的鸿沟。刚种下种子，就想让它长成参天大树，每天在树下守着，心里不断想着"怎么长这么慢"，却忽略了发展是一个线性过程。

守拙成巧

想要成就一番事业，一定要懂得"心定则安，守拙成巧"的道理。所谓"心定"，就是戒骄戒躁，用静心摒除妄念，让躁动的心安定下来。

一个简单的"静"，包含着很多深刻的人生智慧。诸葛亮在《诫子书》中说："夫君子之行，静以修身，俭以养德。非淡泊无以明志，非宁静无以致远。夫学须静也，才须学也，非学无以广才，非志无以成学。"他告诫儿子无论做什么事，都要先"静"下来。

心学也讲究"静"，"始学工夫，须是静坐。静坐则本原定，虽不免逐物，及收归来，也有个安顿处"。静坐可以让自己进入"空灵"状态，摒除一切杂念。

其实，不只是王阳明，道家、佛家，甚至瑜伽冥想等也都讲静坐。从生理学的角度分析，这是因为静坐可以降低身体中的皮质醇水平。皮质醇是由人体的肾上腺皮质分泌的激素，是应激反应的重要组成部分，通常被称为"应激激素"或"压力激素"。皮质醇长期维持高水平可能导致多种心理问题，如焦虑和抑郁。所以，静坐本质上是为了降低皮质醇水平，使我们能够更好地处理问题。

人类处理问题通常会使用两种方式：理智（或逻辑、分析性）和非理智（或情感驱动、直觉性）。理智的处理方式，依赖于逻辑推理和事实分析。当面对问题时，人们会通过收集信息、评估证据和考虑不同的可能性来做出决策，包括对长期后果的考虑，以及如何达到特定的目标或结果。非理智的方式，更多地依赖于个人的情感和直觉。在面对决策时，人们可能会根据自己的感觉或直觉来做出选择，而不是完全依据逻辑和分析。与理智的方法相比，非理智的方法往往更快速，适用于需要即时反应的情况，但不利于长期目标的实现，而且极其容易出错。

举个例子来说，为什么会有那么多人受骗呢？因为当人们在面对看似有利于生存或能够带来即时好处的物品、情境（如财物、快速获利的机会等）时，身体的应急系统（如肾上腺素的释放）会迅速被激活，引起一系列生理反应，如心跳加快、血压上升等，使人处于一种高度激动的状态。在这样的状态下，人是非理智的，对可能面临的风险和负面后果视而不见，进而过分追求那些看似能带来直接好处的事物。这种心理机制在人类进化过程中曾经带给人类生存优势，但在现代社会复杂多变的环境中，则可能导致人们在面对诸如欺诈和诱惑时做出不理智的决策，进而造成严重的后果。

而静心就是让我们在面对问题时，能够迅速摆脱应激反应和浮躁，以理智的方式去分析和解决问题，做出最正确的决策，这是"静"的根本目的和底层原因。

《周易》中写道："寂然不动，感而遂通天下之故。"确立了目标之后，要让自己静下来，像种树一样，将大目标分解成小目标，一步一步去做，一点一点去行动。只需要想接下来是该浇水还是施肥，是该防虫还是剪枝，专注当下，而不是幻想未来。

第二章

修内功，提升认知是"改命"的关键

第一节

形而上者谓之道，形而下者谓之器
《周易》——理解世界运行的基本规律

"道"与"器"

据说，德国哲学家莱布尼茨曾对德国皇帝说："世界上没有完全相同的两片叶子。"皇帝对此嗤之以鼻，便派人到花园中寻找。可是，一直找了很久都没有找到。即使是看上去很像的叶子，也存在细微差异，要么形状不同，要么脉络不同，要么颜色不同。最终，皇帝只好放弃。

为什么世界上没有完全相同的物体呢？古希腊哲学家赫拉克利特曾经提出一个很有启发性的观点：人不可能两次踏入同一条河流。因为世界上的一切都是在不断变化的。当你第二次踏入河流时，河流的水已经不是之前的了，因为水在不断流动。同样，物体也在不断地变化，无论是微观层面的分子活动，还是宏观层面的环境影响。由于连续的变化，每一个时刻都是独一无二的，每一个物体也因其所处的时刻和条件不同而独特。

正如《周易·系辞》中所说："为道也屡迁，变动不居，周流六虚，上下无常，刚柔相易。"宇宙中的万事万物都是如此，这就对我们认识世界带来了巨大的挑战。如果用最简单、最朴素的办法，我们想要认识每一片叶子，就要对它们进行编号，把它们的特征记录下来。不过，这样做显然不可能。那有没有更好的办法呢？

当然有，我们可以给叶子下一个定义：叶子是植物的一个器官，主要负责光合、呼吸和蒸腾作用。它们通常由叶片、叶脉和叶柄组成。叶片是叶子的主要部分，具有多种形状（如椭圆形、心形、针形等）、大小和边缘类型（如全缘、锯齿状或裂片）。叶脉则是叶片内的输送系统，用于输送水分、营养物质和有机物，同时为叶片提供支持。叶柄连接叶片和植物的茎部。

有了这个定义，世界上所有的叶子就可以被全部归纳起来，无论什么形状、什么颜色，都可以用"叶子"这个概念来进行表述。

有了定义之后，我们就可以利用公式和公理来更系统和科学地认识并研究叶子：叶子的形态和功能与其生长的环境紧密相关。通过生态学研究，我们可以了解不同环境条件下叶子的形态如何变化，以及这些变化如何帮助植物适应其生态位。现代遗传学方法能够让我们深入了解叶子形态的遗传基础。通过分析与叶子发育相关的基因，我们可以更好地理解叶子形态多样性的分子机制。

这就是人类思想的独特之处。我们不仅能够观察和体验自然界的多样性，还能够通过科学和哲学的方法来理解并解释这种多样性。通过定义、分类、实验和理论构建，我们可以将看似无序和复杂的自然现象转化为可理解且可解释的知识体系。这种方法不仅适用于对叶子的研究，还适用于对整个自然界的探索和认知。

同样的道理，人类社会的所有现象也都可以通过这种方法进行归纳、分析和总结。通过观察和收集数据，我们可以对社会现象进行归纳和分类，对收集到的数据进行深入的分析，以理解社会现象背后的原因和动力。基于数据分析的结果，我们可以通过建立理论及模型来解释和预测社会现象。

《周易》中写道："形而上者谓之道，形而下者谓之器。"这里的"形而上"指的是那些无形的、抽象的、超越具体事物的原则或规律。"道"在这里指的是宇宙的根本原理、自然的法则，或者指导人们行为和道德的标准。"形而下"则是指具体的、有形的、实际存在的事物。"器"字面意思是工具或容器，在这里可以理解为具体的事物或实践的应用。

我们上文所说的定义、公理等，就可以归为"道"。针对不同事物采取的策略，就可以归入"器"的范围。而"道"是"器"的基础。

举个例子来说，我有个朋友非常喜欢麻烦别人，无论多小的事，只要有能用到别人的地方，绝对会第一时间打电话过去。有一次他要去火车站，打电话让我送他过去，我没有多想就拒绝了。坐公交车只需要一元钱，就算打车也只需要十几元钱而已，这么小的事为什么要麻烦别人呢？这其实是个很简单的道理。周国平曾说："'麻烦'一旦失去了分寸，不仅不会增进感情，反而会成为一种打扰，让人想要远离。"其实这就是不明白互惠互利的道理。

我们大致可以把人的行为分为两种：一种是付出，一种是索取。一段关系想要维持，付出和索取必须是成正比的，也就是互惠互利。喜欢麻烦别人，其实就是在索取别人的时间，要求别人为自己付出，这样的人大家自然都不喜欢。

同样，借钱不还、在工作中推卸责任、在情感上过度依赖等，都可以归入索取的范围。也就是说，只要我们明白了互惠互利这一条原则，就可以避免或减少很多负面影响，透过错综复杂的人际关系，看清其背后的本质。

提升认知

人不能获得认知以外的财富，即使侥幸获得，也很快就会丢失。一个人对世界的认知，大概率决定了他所能取得的成就。在心理学上，认知指的是大脑处理信息的过程，包括感知、记忆、思考、判断和对事物概念的判断以及一定范围内的规律性总结等。而上文所说的"道"，就能够起到帮我们提升认知的作用。"道"能够提供一种思考框架，帮助我们在面对决策时更全面地考虑。

心理学上的内部工作模型（Internal Working Models）指出，个体根据早期经验，特别是与父母或主要照护者的互动经验，形成对自我、他人和世界的认知及情感预期。这些模式会影响个体看待自己、与他人互动以及处理问题。一个人的内部工作模型能够影响其认知能力和决策方式。例如，如果一个人从小就被教导自我努力和自主学习的重要性，他可能会形成积极的自我观念和敢于面对挑战的积极态度。或者，一个人对于世界的本质和运行规则有更加清晰的认知，就能够更好地处理各类关系。

在高中时期，我有一个同学，他的父亲是一位成功的商人。从小在这样的家庭环境中耳濡目染，他对人际关系的处理有着与生俱来的敏锐和技巧。他总是能够轻松地与周围的人建立良好的关系，仿佛天生就懂得如何在复杂的人际网络中游刃有余。他有一个很特别的地方：一方面，他经常会在私下里吐槽同学们的各种小毛病，比如有人说话不够圆滑，或者有人做事不够周全。他总能敏锐地捕捉到这些细节，并且毫不留情地指出来。但另一方面，他又非常善于笼络人心。他总是随身带着各种零食和饮料，时不时地分给大家，让大家感受到他的热情和慷慨。这种看似矛盾的行为，却让他在同学中颇受欢迎，大家都愿意和他相处，甚至把他当作朋友。这种能力，其实是一种很高情商的表现。他深知个人好恶和人际关系是两回事。在社会中，我们可能会遇到各种各样的人，有些人我们可能并不喜欢，但为了共同的目标或者和谐的环境，我们仍然需要与他们保持良好的关系。这种平衡个人情感和社交需求的能力，往往需要在社会上摸爬滚打多年才能领悟，但他小小年纪就已经掌握了其中的精髓。这背后，其实是一种“内部工作模型”的体现。

中国人常说“虎父无犬子”，其实也是同样的道理。在古代社会，一个商人家庭出身的人，从小接受的观念都是“搞钱”，长大之后大概率也会把“搞钱”当成第一要务。一个书香门第出身的人，则大概率会有“万般皆下品，唯有读书高”的观念，把读书做官当作第一要务。至于普通百姓，温饱都成问题，大概率只能面朝黄土背朝天。就像那个流传很广的段子——两个农民坐在地头聊天，其中一个羡慕地说："皇后娘娘肯定每天都能吃上白面馒头。"另一个说："白面馒头算什么，肯定顿顿都有烙饼吃，还能卷上猪头肉。"这就是认知偏差。

　　不同的是，现代社会信息发达，获取信息的途径空前丰富。我们可以通过各种渠道去提升自己的认知，完成"改命"。

第二节

君子之于天下也，无适也，无莫也
《论语》——世界不是非黑即白

孔子说："君子之于天下也，无适也，无莫也，义之与比。"这句话的意思是，君子对于天下的事，没有规定一定要怎么去做，也没有规定一定不要怎样做，而只考虑是否恰当、是否符合"义"的要求。

理想国

公元前 399 年，苏格拉底因为渎神罪与毒害青年罪被捕。之后，由 501 人组成的陪审团对他进行了审判，判处其死刑。入狱之后，有人劝他越狱，并可以为他提供一切条件，苏格拉底拒绝了。他说，即使判决是错误的，也不能去破坏法律。30 天后，苏格拉底喝下毒酒从容赴死，这便是哲学史上十分著名的"苏格拉底之死"。

当时，雅典实行直接民主制度，也就是绝对的少数服从多数。苏格拉底认为，普通民众没有管理城邦的能力，因此推崇精英治理。最终，他也死于这种直接民主之手。对于老师的死，柏拉图一直十分痛苦，因此对雅典的民主制度深恶痛绝，并设计了自己心目中的"理想国"。

他认为，国家的领导者应该是哲学家，因为只有哲学家才能真正理解正义和真理，能够超越个人利益，根据绝对的道德和理性原则来治理国家。卫士阶级负责保卫国家，维护法律和秩序；生产者阶级则包括农民、工匠和商人，负责社会的物质生产和经济活动。

当然，这是一种只存在于设想中的"乌托邦"，是对自己自身理想的投射。再进一步，柏拉图将世界分为两个相互区别的领域：理念世界（又称形式世界或观念世界）和现象世界。理念世界是一种非物质的、永恒不变的真实存在，是所有事物的终极本质和原型。在这个世界中，存在理念（或称为形式），如"美""善""正义"等抽象概念的完美形态。现象世界是我们通过感官体验到的物质世界，是不断变化和有缺陷的。在这个世界中，事物是不完美的，它们仅仅是理念世界中理念的模仿或参照。

举例来说，你面前有一把椅子，这把椅子能够看得到、摸得着，人累了还能在上面坐一会儿，它可以是木头的、塑料的，有四条腿、可旋转等。而在理念世界中，存在"椅子"的理念或形式。这个"椅子"的理念是完美的、不变的，代表了椅子的绝对本质。它不是一个物理存在，而是一种抽象的、永恒的概念，包含了所有椅子共有的本质特征。

换一种说法，理念世界中的椅子是它的"应然状态"，现象世界中则是它的"实然"状态。简单来说，前者指的是椅子本应如此，后者指的是椅子的具体形态，它可能是有缺陷的、磨损的、坏掉的。

在现象世界中，应然和实然随处可见，每个人都有自己的"理想国"。

譬如，孟子说："民为贵，社稷次之，君为轻。"又说："人人亲其亲、长其长，而天下平。"这些话都是正确的，是应然的。然而，现实情况却不是这样，历史上出现了数不胜数的暴君，也有无数人做不到仁义、诚信、孝顺，这就是实然。

我们再推而广之，制度设计是按照应然进行的，而在真正落地之后，基本处于实然状态。两者之间必然会出现一个灰色地带，这就是我们所说的"潜规则"，即隐藏的规则。无论何其不合理，人人都会自觉遵守维护，还会将不守规则的人踢出局。因此，世界绝不是非黑即白的，而是一道精致的灰。

沉默螺旋效应

沉默螺旋效应（The Spiral of Silence）是德国政治学家伊丽莎白·诺尔－诺伊曼（Elisabeth Noelle-Neumann）在 20 世纪 70 年代提出的一种社会心理学理论。该理论试图解释为什么人们在公共环境中可能会因为担心与多数意见相悖而选择沉默。根据这种理论，个体通过社会环境来感知哪种观点是占主导地位的或是"主流"的。当个人意识到自己的观点与主流观点不符时，会感到被孤立或害怕被社会排斥。因此，当个体认为自己的看法与主流不符时，就可能选择保持沉默。随着越来越多持非主流观点的人选择沉默，这种观点在公共讨论中的可见度和声音就会减弱。这进一步强化了主流观点的地位，形成了一种自我加强的循环，即沉默螺旋。长此以往，很多潜规则便形成了。只需要想一想，就能发现很多。

吴思曾指出："在种种明文规定的背后，实际存在着一个不成文的又获得广泛认可的规矩，一种可以称为内部章程的东西。恰恰是这种东西，而不是冠冕堂皇的正式规定，支配着现实生活的运行。"

关键是，对于这些规则，我们应该怎样看待、怎样面对呢？是站在高处去俯视它、批判它，还是去更多地了解它、运用它呢？这是个很实际的问题，也是几乎每个人都会面对的问题。我们可以试想一个情境：某个人生了很严重的病，急需开刀治疗，但是医院床位短缺。这时某个工作人员打来电话，称自己可以安排床位，但前提是要给他足够的好处。这个人的家属会怎么做呢？我们换一种问法：当这位病人与你有关，而接电话的人是你，你会怎么选择呢？我想每个人的心中都有自己的答案。

对于如何处理潜规则，人们的态度有所不同。一些人可能会选择批判和反抗这些规则，认为应当坚持正义和道德原则；而另一些人可能会更加现实，选择利用或适应这些规则，以实现个人利益或避免更大的损失。在现实生活中，个体的选择往往不是黑白分明的。道德原则和现实需求之间的张力，使得每个人都可能面临道德上的困境和艰难选择。

无论是什么社会，都会存在这样的情况。如果你此时此刻就身处这些规则中，而且它们与你的切身利益相关，你也没有能力去改变，你会怎么做呢？

第三节

曲则全，枉则直
《道德经》——角度不同，认知不同

《道德经》中写道："曲则全，枉则直，洼则盈，弊则新，少则得，多则惑。"意思是委曲便会保全，屈枉便会直伸……。我们知道，规则是社会各阶层妥协的总和。这就意味着，想要对抗规则，就要面临来自各方面的潮水一般的压力，这也是为什么古代变法大多失败的原因。"生存还是毁灭，这是一个问题。"作为个人，我们需要思考的问题是：面对不合理的规则时，我们该如何自处。

屈原是我们耳熟能详的历史人物。他出身贵族，早年受楚怀王信任，担任过三闾大夫。后来因为遭受排挤和诽谤，被流放到沅湘流域。他在《卜居》中写道："世溷浊而不清：蝉翼为重，千钧为轻；黄钟毁弃，瓦釜雷鸣；谗人高张，贤士无名。吁嗟默默兮，谁知吾之廉贞！"最终他选择投江自尽，不与这个污浊的世界和解。

屈原曾在江上遇到一位渔夫。渔夫问他："子非三闾大夫与？何故至于斯？"屈原说："举世皆浊我独清，众人皆醉我独醒，是以见放。"渔夫说："沧浪之水清兮，可以濯吾缨；沧浪之水浊兮，可以濯吾足。"意

思是沧浪之水清澈时，可以用来洗涤冠缨；沧浪之水混浊时，可以用来洗脚。

面对规则，每个人都有自己的选择。屈原选择离开，陶渊明选择"采菊东篱下，悠然见南山"，而现实主义者则会选择合理利用规则。

"门下走狗小的戚某"

戚继光是我国著名的抗倭英雄，在长达二十余年的时间里，他带领训练有素的戚家军在台州、仙居、桃渚等地连战连捷，未尝败绩。后来，他又奉命总理蓟州、昌平、辽东、保定四镇，在张居正的支持下抵御鞑靼，保障北方平安，立下不朽功勋。

在世人的想象中，戚继光这样的英雄，在品格和私德方面也应该是完美的。然而，事实却并非如此，戚继光的上位史并不光彩。当时，张居正任内阁首辅，一手总揽朝政。戚继光为了获得他的支持，"立功扬名，保位免祸"，经常行贿。不仅送银子、送美女（"时时购千金姬"），甚至送补药，还在信中自称"门下走狗小的戚某"。为了部下的升迁，戚继光送起礼来也毫不手软，以至于高拱怒斥道："荆人（张居正）久招纳戚继光，受其四时馈献，金银宝玩不啻数万计，皆取诸军饷为之者。"

张居正死后，戚继光受到了清算，没过两年就被罢官，妻子也离他而去，最终落寞而死。一位功勋卓著的将领，在失去靠山之后人生竟然如此惨淡，实在令人唏嘘。

俗话说，兵马未动粮草先行。打仗打的是白花花的银子，武器装备、战士军饷、士兵招募，哪儿哪儿都要花钱。戚继光作为封建时代的武将，如果只知道洁身自好，恐怕是打不出战绩，也保不了一方平安的。这样的人，算好人还是坏人呢？又算是黑还是白呢？

不仅戚继光如此，中国几千年历史中，凡是能够有所作为的文臣武将，大多深谙规则，而且能够利用规则去实现自己的抱负。

与戚继光形成强烈对比的，是明末的清流派。万历二十二年（1594年），礼部尚书顾宪成被贬为平民，回到家乡重建东林书院，聚集了一大批不愿同流合污的人。他们平时除了读书讲课，就是讨论国家大事。这些人有一个共同点，就是"平日危坐谈心性，临危一死报君王"，将气节看得比生命都重要。崇祯皇帝登基后，为了打击阉党，开始重用清流。可这些人都是纸上谈兵的绣花枕头，毫无经世济民的能力，以至于崇祯皇帝吊死煤山前气愤地说："文臣人人可杀。"这些文臣，个个都把仁义道德挂在嘴边，将气节看得比生命还重要。他们是黑还是白？是好人还是坏人？

张居正曾经把官员分为三等：无能的贪官、清流、循吏。无能的贪官自不必说。清流指的是那些行为端正、品格高尚，但做事古板，只在乎自己名声，却做不了几件实事的官员，本质上是沽名钓誉。循吏是指那些有勇有谋，能够办实事的官员。张居正的用人原则是：宁用循吏，不用清流。

我们来设想一个情境，以增强代入感。假设你是一位生活在明代沿海地区的渔民，倭寇三天两头就来骚扰。你的房子被他们烧毁，财物被他们抢劫一空，每天过着朝不保夕的生活。后来，戚将军来了，他训练出一支

能征善战的军队，打得倭寇仓皇逃窜，从此再也不敢来骚扰了。有一天，戚将军把大家召集起来，为难地说自己需要用一笔钱，问大家能不能凑一点？这时，你会不会把自己的积蓄拿出来？再后来，朝中发生了一件大事，戚将军也受到牵连。朝廷派了一位新将军来，他是有名的清官，召集大家开会，慷慨陈词，说一定会守好国门，保护所有人的安全，请大家放心。可是，由于这位将军与上级不对付，经常拿不到军饷，没过几天，倭患又开始泛滥了。如果是你，你希望来的是"贪官"戚将军还是后面的这位清官？

我在某平台上看到过这样一个问题：为什么乾隆明知和珅贪污，却不处罚他呢？这个问题的答案其实并不复杂：站在管理者的角度，皇帝需要的是能办事的人，而不是一个道德上完美的人。

打仗时，和珅能拿出军费；乾隆要修园林，和珅"包工包料"，不让"君父"操心；乾隆要花天酒地，和珅能找到天底下最漂亮的姑娘和最美味的珍馐。总之就是和珅不仅能办事，而且能把事办好。至于和珅搜刮来的钱财，有一多半都进了乾隆的腰包，站在乾隆的立场上，他有什么不满意呢？所以，立场不同，看世界的方式就会有天壤之别。

外儒内法

我们将这个问题再进一步讨论。中国古代长期有一种倾向，认为身居高位或者有大学问的人，个人品德必须是完美的，不能有任何瑕疵。一旦有瑕疵并被发现，此人就会成为众矢之的。譬如，宋代欧阳修被诬陷私德有亏，两次被贬。

古人之所以如此看重私德，是因为儒家学说从汉代起便占据着统治地位，且儒家对人的道德要求极其高、极其严。而实际上，我国古代统治者长期采用"外儒内法"的策略，"儒"是面子，"法"是里子，哪个坏了都不行。官员私德有亏，就是在给朝廷抹黑，皇帝自然容不下你。另外，法家的统治方式又是极其残酷的，这就造成了人的割裂。很多人表面上道貌岸然，背地里坏事做尽，还要用极高的标准去要求别人。到了明清，随着理学的异化，这种观点更加深入人心。这种人，鲁迅先生称之为"道德家"："我以为中国之所谓道德家的神经，自古以来，未免过敏而又过敏了，看见一句'意中人'，便即想到《金瓶梅》，看见一个'瞟'字，便即穿凿到别的事情上去。"

这件事，马克斯·韦伯也做过专门的论述。他说："在这种（中华帝国）漫长传统中，管理着一个巨大帝国的官僚阶层，追求的是绅士的儒雅风度，以纯书本知识为谈话主题。崇尚清谈，交流中完全排除实际政治、经济问题成为时尚。这些人士最高处事理想就是成为一个彬彬君子。"他又说："他们追求合乎古典美的自我完善，生活里都是一些机智的文字游戏、婉转的甚至是转弯抹角的表达方式以及引经据典的考证。这也就造成了在官场形式主义的流行和泛滥，讲述幽默的文书形式和标准的文字表达方式，而对经济管理却放任自流，或者根本就没有能力对其进行管理，这种仅靠吟诗作赋式的管理从古代持续到近代——这源于学校的教育。"

因此，我国传统文化对于个人品德的要求极高，一直到现在，这种惯性都没有消失。想要打击一个人时，最方便的就是说他品德有问题、作风不检点，这足以令一个人"社会性死亡"。

这种割裂，也成了滋生"潜规则"的土壤：那些有损道德、有伤体面的事，表面上是不能说的，连提都不能提。你知道，他也知道你知道，所有人都知道，但是不能放到台面上来讲，必须维持"花花轿子众人抬"的一团和气。只有翻脸之后，这种事才能拿出来说，作为攻击对方的"武器"。借用某历史剧中的一句经典台词："有些事不上秤没四两重，上称了一千斤也打不住。"这就又有了"秋后算账"的传统，如一手遮天的张居正，去世后没几天就被全面清算了。

君子可欺以其方

《孟子》——敬畏规则，反抗不公

《孟子·万章章句上》里写道："君子可欺以其方。"意思是君子因为道德高尚，所以会在合理的规则下受到欺骗。现实社会中，"非君子"或许在处事方式上更为灵活，能够迅速应对各种复杂情况，从而在短期内更容易取得世俗意义上的成功。而君子秉持原则、坚守底线，或许在某些情况下，成为领导者要付出更多的努力。

记得一位教授在自己的文章中感慨："多少年后，我醒悟过来，终于发现了一个宇宙真理：每个单位都是小人的天下；正直的人总是少数，且无权势；群众的眼睛都是瞎的、势利的，他们大部分情况下不会站在君子一边。坏人是不会改好的，因为他不认为自己是坏人。"

所以，能够对付恶人的，一是比他们更恶的人，二是熟知恶人行事准则且能够保护自己的人。

高翰文与海瑞

《大明王朝1566》中塑造了很多非常鲜活饱满的角色，其中高翰文和海瑞是一对鲜明的对照组。

高翰文出身书香门第，在科举中高中探花，进入翰林院成为"高级储备人才"。按照明代官场的潜规则，他只需要老老实实在翰林院待着，修书撰史，起草诏书，早晚能进入内阁，玉马金堂。

可他是个理想主义者，一心要"致君尧舜"，拯救万民于水火。当时，为了推行改稻为桑，织出更多丝绸应对财政危机，浙江地方官毁堤淹田，准备贱买民田种植桑树。高翰文怀着一腔热血，上书提出"以改兼赈，两难自解"的方案。简单来说，就是让当地的丝绸大户出钱将百姓的稻田买过去改成桑田。

这里其实有很多问题：灾民没有饭吃，到时候商人不断压低田价，灾民卖不卖？如果官商勾结，趁机大量兼并土地，谁来管？这件事应该由哪个衙门主导，出了问题谁负责？这一切高翰文根本来不及想，就被以严嵩为首的严党推到了杭州知府任上，成为正四品的一府之长。在赴任的路上，经过胡宗宪点拨，高翰文才发现问题所在，并决定不在文书上签字。

转眼到了开会时，高翰文果然言行如一，没有签字。不过，他很快就被当地官员安排了美人计，被人抓到把柄，立下了字据。到第二次开会时便妥协了，中间不过短短两天。

反观海瑞，他出身贫寒，深知民间疾苦与衙门里的弯弯绕绕。臬司衙门做局诬告海瑞治下的民众通倭，想要让海瑞亲自监斩，令他失去民心。海瑞早就想到了其中的关键，一招破局："人犯天亮前抓获，禀报却在昨天上午就送到了巡抚衙门大堂，淳安离杭州两百余里，你们的禀报是插着翅膀飞去的？"

枭司衙门的千户以地位强势压人，让海瑞必须监斩。海瑞反问："杀错了人，是你顶罪还是我顶罪？"这是一种四两拨千斤的化解方式。面对恶人，不是比谁的嗓门大、谁的地位高，而是捋清责任，直接命中要害。海瑞这样做，是看准了两名千户不敢承担丢掉乌纱帽的风险。

一计不成，枭司衙门又想了第二个计策，想要在牢中暗杀囚犯。这件事也被海瑞提前得知，并做了万全准备。在之后的数次交锋中，海瑞都因为熟知对方的"套路"，提前做了准备而完胜。

海瑞和高翰文是一体两面的关系。海瑞不仅道德高尚，而且具备处理复杂政治局势的智慧和能力。他对于恶人的行事准则有着深刻的理解，并能够利用这些信息来保护自己，进而维护正义。他的成功在于，既不放弃自己的道德标准，同时又能灵活应对，找到在现实政治中推进正义的有效路径。

与海瑞相比，高翰文则是理想主义者的代表，他对于如何在官场中维护正直和原则持有高尚但可能过于理想化的信念。他的失败部分源于对政治潜规则的忽视或缺乏深刻理解，导致在实际操作中显得笨拙，不足以应对复杂的政治挑战。高翰文的经历告诉我们，单纯的理想主义在复杂的现实政治环境中可能难以生存。面对恶势力和不公正现象，不仅需要道德、勇气和坚定的原则，还需要对对手行为准则的深刻理解和应对策略，以保护自己。毕竟，只有活着才可能有话语权。因此，对于规则，哪怕再不合理，也一定要有足够的敬畏之心，这是为了更好地生存。

打破"潜规则"

梁漱溟是现代新儒家的早期代表人物之一，被誉为"中国最后一位大儒家"。1918 年，父亲梁济在快过 60 岁生日时问他："这个世界会好吗？"当时，梁漱溟在北大担任哲学教授，他回答说："我相信世界是一天一天往好里去的。"没过几天，梁济就投河自尽了，因为他对世界持悲观态度，认为自己无力改变。相信每个人在心中都问过自己类似的问题，只是答案不尽相同。海瑞也问过自己，而且坚信以自己的力量能够改变世界。于是买好棺材，与妻子诀别，抱必死之心上《治安疏》，批评世宗迷信巫术、不理朝政等弊端。世宗大怒，把海瑞关入诏狱。这样的后果海瑞想过吗？当然想过，但他还是做出了这个决定。

从原理上说，无论是哪种规则，它的形成都是各方面不断试探、妥协、权衡利弊之后的结果的总和。这也就意味着，在破坏规则时，往往会面临来自各个方面的阻力，代价也是巨大的。因此，在选择对抗不合理的规则时，一定要最大程度地保护好自己。

当然，有些问题是注定无法解决的，但前提是已经尽最大的努力尝试过了。"听天命"的前提一定是"尽人事"。这背后的逻辑是：不尝试，百分之百遭受损失，尝试就有概率不受损失。这个选择题其实也很好做，本质上就是思维模式的不同。

第五节

君子虑胜气，思而后动，论而后行
《曾子》——思维模式决定行为结果

《礼记》中写道："君子虑胜气，思而后动，论而后行。"意思是思考问题时要避免意气用事，一定要三思而后行。这是说做事要谨慎。思维模式塑造了我们看待世界的方式，决定了我们的行为选择，最终影响了我们的生活结果。每个人的心中都住着一个建筑师，这个内在的建筑师通过无数次的思考和决策，搭建起一座由信念、价值观和经验构成的心灵之城。这座城市的设计和结构，无形中指引着我们每一步的方向，决定着我们前进的路径。

燕雀安知鸿鹄之志

公元前 207 年，趁着秦军主力被项羽牵制，刘邦带领军队攻入咸阳，占领皇宫。但见"五步一楼，十步一阁""鼎铛玉石，金块珠砾"，金碧辉煌，仿佛人间天堂一样。刘邦手下的兵将都是苦出身，哪里见过这样的繁华富贵，当下乱作一团，"皆争走金帛财物之府分之"。刘邦也沉浸在成为"汉中王"的喜悦中，准备和将士们大口吃肉、大秤分金。

只有一个人分开众人，独自走到御史大夫的藏书处，把里面的文件一股脑儿收了。有人问他："大家都在分金银，你怎么专门拿这些没用的废物呢？"那人说："这些可比金银宝贵得多，日后你就知道了。"这个青睐"废物"的怪人就是萧何。

御史大夫是秦朝管理律令、图书并负责监察百官的官员，与太尉、丞相并列三公。萧何拿走的资料，正是秦朝政府对"天下隘塞，户口多少，强弱之处，民所疾苦者"的记载，是统治国家的根本，全国的税收、法律、行政区划、关隘道口、人口数量等重要信息都存在于这些资料之中。刘邦登基后之所以能够迅速站稳脚跟，萧何的这个决策起了至关重要的作用。刘邦在论功行赏时，也将萧何置于功劳簿之首。刘邦后来说："镇国家，抚百姓，给饷馈，不绝粮道，吾不如萧何。"有人认为萧何只是刘邦的后勤部长，这是对他的严重低估。从入关的那一刻起，萧何想的就是统一天下之后怎么治理国家，而不是抢夺金银后挥霍一空。

刘邦入咸阳之前，陈胜、吴广起义刚被扑灭。这两位喊出"燕雀安知鸿鹄之志"的志士，算是刘邦的前辈。他们带领900多名戍卒在大泽乡揭竿而起，百姓云集响应，攻城略地，起义军迅速发展到了数万人。陈胜率军攻入陈县时，下令召集三老（掌管当地教化的官）与地方豪杰开会议事。三老与豪杰都说："将军身被坚执锐，伐无道，诛暴秦，复立楚国之社稷，功宜为王。"于是，陈胜自立为王，建立了张楚政权。

称王之后，陈胜的野心无限膨胀，那些跟随他的将领很快就成了他的眼中刺、肉中钉，"多以谗毁得罪诛"。其中有个叫葛婴的大将，政治觉悟很低，率军攻下东城之后，不知道陈胜已经称王，于是又立了个楚王。后来虽然及时醒悟废掉楚王，但还是被愤怒的陈胜杀掉了。还有个叫武臣的将军，受命北伐，收降赵地数十城，自立为赵王。陈胜大怒，想要出兵北伐，后来在众人的劝说下才压住火气。

陈胜派出去的将领大多脱离了张楚政权，只剩下吴广可以依靠。吴广是和陈胜一起揭竿而起的首领，被封为"假王"。不过，这位"假王"的军事才能实在堪忧，被部下假借陈胜的名义杀了。

不久后，秦军在章邯的带领下长驱直入，很快就逼近了陈胜的老巢陈县。陈胜惊慌失措，派邓说前去抵挡。邓说战败后逃回陈县，被陈胜斩首示众。前方战事正酣，陈胜却在后方斩杀大将，这样一来，哪里还有人敢给他卖命？不久，章邯军攻入陈县，张楚政权连连败退，陈胜只好出逃。在逃亡的路上，这位不可一世的张楚王被自己的马车夫庄贾一刀取了性命，首级还被其拿去向秦军邀功请赏。

楚人一炬，可怜焦土

陈胜之所以失败，主要在于：一是缺乏基本的政治觉悟。刘伯温曾献计朱元璋，要想在乱世中站稳脚跟，逐鹿天下，必须"高筑墙，广积粮，缓称王"。自古枪打出头鸟，当时天下起义军四起，秦王朝想要镇压，肯定要找一个最高调的目标，陈胜无疑就是。二是他的思维模式存在局限。陈胜称王后，自己还没有站稳脚跟，第一时间就开始铲除异己，刻薄寡恩，体验帝王生活。手下能用的将领要么被杀，要么叛逃。秦军打来时，他想的不是安抚人心，而是将战败的将领斩首。这样的人，谁肯为他卖命呢？

再看刘邦。他进入皇宫之后，也想体验一下帝王生活。不过，在张良等人的劝说下，他果断封闭秦宫，还军霸上。因为他清楚，自己的实力远不如项羽，如果对方兴师问罪，他一定讨不到便宜。紧接着，刘邦跟陈胜一样，也召集了当地父老，不过他没有称王，而是与百姓们约法三章："杀人者死，伤人及盗抵罪。"秦朝颁行的其他残酷刑罚全部废除。这里就能看到刘邦的思维模式，他不管做什么，优先考虑的都是别人的利益，只有这样才能"得道多助"。

刘邦是沛县人，他率军攻打咸阳，对于当地百姓来说是入侵者的角色。而通过约法三章，刘邦成功地给自己建立了正面形象，给当地百姓吃了一颗"定心丸"。在百姓心里，这个沛公着实不赖，不滥杀无辜，不滋扰百姓，甚至不拿群众一粟。于是，"秦人大喜，争持牛羊酒食献飨军士"。刘邦连这些都不要，对当地百姓说："仓粟多，非乏，不欲费人。"百姓更喜，"唯恐沛公不为秦王"。

从这两件事可以看出，刘邦和萧何一样，在思维的高度上远超陈胜、吴广。就像刘邦当年看到秦始皇时说的那句话："大丈夫当如此也。"我沛公可是要争夺天下的，怎么能占领一个咸阳就沾沾自喜，裹足不前呢？

项羽也想当皇帝，他当时看到秦始皇后说的是"彼可取而代也"，杀气腾腾，霸气十足。不久后，项羽果然兴师问罪，邀请刘邦参加"鸿门宴"。

宴会散场后，项羽西进，屠杀秦地百姓，焚毁咸阳宫室，所过之处无不残破。"秦人大失望，然恐，不敢不服耳。"直到几百年后，杜牧仍然哀叹"楚人一炬，可怜焦土"。

我们来分析一下当时的情况。项羽的军队有40万人，他挟"怀王"以令诸侯，如今又占领了咸阳城，如果保留宫室和机构，安抚人心，只需要顺水推舟，就有很大概率能一统天下，成为新的皇帝。当时也有人劝过他，可项羽不仅没有这样做，还纵兵四处烧杀掳掠，大失民心。之后更是放弃秦朝故都，选择杀害楚怀王后，回到家乡彭城称王。用他的话来说就是："富贵不归故乡，如衣绣夜行，谁知之者！"意思是富贵之后不回家乡，如同穿着锦衣在夜间走路一样，谁能知道呢？堂堂西楚霸王，心里想的竟然只有衣锦还乡。从这个方面来看，项羽只不过是个"大号陈胜"，这种思维模式注定他走不远。与其他戍卒相比，陈胜和项羽的确都是"鸿鹄"，但与刘邦和萧何相比，他们又何尝不是"燕雀"呢？

思维模式

思维模式决定了行为模式，行为模式决定了最终结果，无数结果汇集到一起，就是我们的整个人生。因此，改变思维模式是最重要的，也最能起到事半功倍的效果。那么，思维模式到底是什么呢？

思维模式可以被定义为个体处理信息、解释经验和面对新情境的一致性方法或框架。我们举个常见的例子来说：A在某社交平台上看到一则消息，第一反应是相信，然后迅速分享给认识的人。他的口头禅是"某音上说""某手上说"。B 在看到消息之后，第一反应是去查询相关线索，查找权威出处，查找其他消息渠道进行交叉验证。他的口头禅是"我查一下"。这就是思维模式的不同：前者可以称为信任型思维模式，容易偏听偏信；后者可以称为批判型思维模式，这样的个体可以获得更多真实信息，并在查询过程中获得更多相关知识，更准确地理解世界，做出更加理性的决策，对自己的生活和事业产生正面的影响。

再比如，公司有两名业务经理，他们要处理同一个问题。A 的应对方式是立即采取行动，寻找快速的解决方案来缓解当前的压力，如增加加班时间、要求团队成员加快工作速度。B 的处理方式是先暂停，深入分析问题背后的根本原因，如通过会议讨论、数据分析来识别进度滞后的具体环节和原因，再根据这些分析制订更为系统的解决方案，包括优化工作流程、调整项目计划或增强团队协作等，以彻底解决问题。我们可以称前者为直接应对型，称后者为根本原因分析型。直接应对型的思维模式可能会在短期内缓解问题，但如果没有解决根本原因，类似的问题可能会再次发生。相反，根本原因分析型的思维模式虽然需要更多的时间和资源，但通过解决问题的根本原因，可以持续改进项目管理，降低再次遇到同样问题的风险，从而提高项目的成功率。

又比如，当前"直播经济"兴起。A 对其嗤之以鼻，认为"这些主播都是在网上要饭的"；B 想到的则是直播的运营模式、盈利方式、市场规模，考虑自己能不能做。在面对奢侈品时，A 想的是"傻子才买""不骗穷人"，B 考虑的却是什么人对奢侈品有需求、如何通过奢侈品赚钱。看到房屋中介，A 想的是"凭什么给你中介费"，B 想的是中介费也是人家合理合法的劳动所得。还有人喜欢说"我这辈子从不求人"，潜台词是"我很厉害"，殊不知找人办事还是一种资源交换的方式。思维模式决定了我们将会采取的行动：A 看待任何事物几乎都带有偏见；B 则能更加合理地看待问题，试图理解其背后的逻辑、潜力和可能性，寻找如何从中获益或参与其中的机会。

那么，思维模式是如何形成的呢？这是一个极其复杂的过程，受到个体生活经历、教育背景、社会文化环境等多方面因素的影响，我们可以用观念来简单理解。所谓观念，就是个人对世界及其运作方式根深蒂固的看法和信念。在遇到问题时，脑海中会下意识地出现一个想法，指导我们如何解读周围的世界、做出决策和行动，那就是观念。它不经过大脑思考，很难被自我察觉、感知和修正。换句话说，改变观念就可以在很大程度上改变思维模式，而这就是我们努力想要与大家一起讨论的问题。

第三章

读好书，终身学习是提升 "内功" 的良药

第一节

学不可以已

《荀子》——科技时代终身学习更重要

如果在 10 年前，有人告诉我 AI 能够生成文章，我会嗤之以鼻。当时的 AI 还停留在"人工智障"阶段，连连续对话都做不到。如果在 5 年前，有人告诉我只需要一段文字，AI 就能生成图片，我会觉得是在开玩笑，这简直就是天方夜谭。如果在两年前，有人告诉我提供一段文字，AI 就能把视频制作出来，我会觉得是在痴人说梦，这不是科技而是魔法。可现在，这一切都已经实现了，而且是在短期内爆发式实现的。

未来已来

当地时间 2024 年 2 月 15 日，美国人工智能研究公司 OpenAI 发布了人工智能文生视频大模型 Sora。它可以深度模拟真实的物理世界，生成各种复杂场景。简单来说，这个软件的功能就是利用客户提供的文本信息来生成视频，达到以假乱真的效果。

从 OpenAI 利用 Sora 制作的电影宣传片来看，其水准已经达到了电影级别。不久，Sora 又杀入了短视频领域，在 TikTok（海外版抖音）上拥有了自己的账号。账号中的所有视频都是由 Sora 生成的，内容既有自然风光，又有动物、人物、建筑。输入描述词"一只穿着黑色连帽衫的电脑黑客，拉布拉多猎犬坐在电脑前，屏幕的光照在狗的脸上"，Sora 就能够生成一段与描述内容高度相符的视频。其中爪子敲击键盘的节奏，电脑屏幕的光暗变化、质感与实际拍摄的画面一般无二。我问了一位从事影视行业的朋友，他告诉我，实际制作这样一条类似的视频，需要花费几天甚至一周时间。难以想象，Sora 成熟之后会给视频制作行业带来怎样翻天覆地的冲击。

360 集团董事长周鸿祎称，Sora 的出现意味着通用人工智能（Artificial General Intelligence，AGI）的实现将时间从 10 年缩短到两三年。AGI 指的是一种具有普遍智能的人工智能系统，能够在任何领域理解、学习和应用知识，完成各种复杂任务，并具备解决问题、理解语言、认知和自我学习的能力。与当前的专用人工智能（Artificial Narrow Intelligence，ANI）不同，AGI 能够跨领域进行学习和应用，具有更接近人类的智能，而前者仅能在特定领域或任务上表现出超越人类的能力（如深蓝在国际象棋上的胜利、AlphaGo 在围棋上的成功）。

举个例子来说，一个名为 Eva 的 AGI 系统，现被设计为一个全能的智能助手。如果 Eva 是老师，它可以根据每个学生的学习习惯、知识水平和兴趣定制个性化的教学计划。它能够理解复杂的数学问题以及科学原理，对某一历史事件进行多维度解释，并以最适合学生理解的方式呈现这些信息。Eva 还能够根据学生的反馈和学习进度实时调整教学策略。如果 Eva

是医生，它能够读取和分析医学报告、病人的健康记录以及最新的医疗研究，为病人提供定制化的健康建议和治疗方案。它可以通过对大量病例的深入学习诊断疾病并推荐最有效的治疗方法，同时考虑到病人的特定需求和可能产生的副作用。如果 Eva 是管家，它可以管理家庭日常事务，从财务规划、日程安排到对智能家居设备的控制。它能够理解家庭成员的偏好和习惯，自动调整房间的温度、照明和音乐，以创造最舒适的生活环境。Eva 还可以协助进行菜单规划，根据家庭成员的营养需求和口味偏好，推荐健康美味的食谱。

换句话说，在不久的将来，AI 能够在各个领域开始取代人类的工作，在效率和准确度上甚至能够超越人类，这绝不是危言耸听。

世界经济论坛发布的《2023 年未来就业报告》指出：未来 5 年将减少 1400 万个岗位。文书和秘书类职位、行政职位以及传统的安全、工厂和商业职位，包括银行出纳员、数据录入员、市场研究分析师、律师助理、媒体工作者等，预计将受到技术革新的影响迅速减少。

从根本上说，企业都是以营利为目标的。站在企业的角度，AI 能够取代简单重复的脑力劳动，可以 24 小时不休息，而且不用遵循劳动法，不用处理复杂的人际关系，不需要劳动保障，在效率和易用性上显然比人类划算得多。如果你是企业领导，在 AI 和人类工作者之间会怎么选呢？

新卢德分子

诺丁汉郡位于英格兰中东部，距离伦敦约 193 公里。这里诞生过著名的侠盗"罗宾汉"，也是大作家 D.H. 劳伦斯的故乡，大诗人拜伦也出生在这里。除此之外，诺丁汉郡还是英国传统工业重镇与毛纺织业中心。从 18 世纪开始，这里就开设了无数纺织工厂，工人们的生活虽然艰辛，但也算衣食无忧。

很快，第一次工业革命的浪潮席卷而来，珍妮纺纱机、飞梭和蒸汽机第一时间传入诺丁汉郡，纺织效率成倍提升。原本需要 8 个工人才能完成的工作，在新型机械的帮助下，只需要 1 名工人便能完成。对于工厂主来说，买入机器自然比雇用工人要划算得多。

在很短的时间内，大量纺织工人失业，生活陷入困苦，朝不保夕。1811 年 11 月的一个晚上，这些失业工人在奈德·卢德的带领下，在夜色的掩护中迅速集结，冲入工厂开始打砸机器。骚乱迅速蔓延，1812 年到 1813 年，约克郡、兰开夏郡也爆发了大规模骚乱，无数机器被毁坏。这些人被称为卢德分子，他们想要通过这种方式来使大众听到他们的声音、了解他们的诉求，迫使社会倒退回工业革命之前的状态。

为了镇压骚乱，议会通过了《摧毁机器被限制破坏法》与《1812 年恶意破坏法》，将破坏机器定为死罪，希望通过严刑峻法来恢复秩序，并抓捕了大量工人。就在这时，拜伦以男爵身份回到英国，成为上议院的一名议员。在议会上，他代表诺丁汉郡的工人发表了一份极端激进的宣言，并由此确立了他自由主义者的身份。

在给朋友的信中，拜伦表达了自己对工人的同情。他把这些参加暴乱的人称为"一个深受伤害的群体",说他们"被牺牲在某些人的观点之下,这些人通过那些剥夺织布工就业机会的做法使自己发财……我本人反对该法案的出发点是它明显的不公正以及它确定无疑的无效力。我见过这些可怜人的境况,那是一个文明国家的耻辱。他们的过激行为可以受到谴责,但不足为怪"。拜伦真正关心的是这些底层人的生计,认为他们不应该遭到如此残忍的对待。

然而,在英国陆军加入之后,卢德分子迅速遭到镇压,17人被处决,40多人被流放到澳大利亚,卢德运动也逐渐销声匿迹。站在历史的视角来看,导致工人不满的真正原因不是新机器的应用,也不是生产效率的提高,而是失业后没有制度和福利保障。从更广泛的历史视角来看,卢德运动揭示了工业化进程中技术发展与社会变革之间的复杂关系。它提醒我们,技术进步需要伴随着社会政策和制度的相应调整,以确保所有社会成员都能从中受益,避免社会分裂和冲突。卢德运动虽然未能阻止工业化的浪潮,但它对后来的劳工运动、社会改革以及对技术发展与社会责任关系的思考产生了深远影响。

在当代,我们也能看到很多"新卢德分子"。他们对人工智能、自动化、数字化及一切新技术抱有敌意,拒绝进步,批判新兴产业,墨守成规,担心机器取代人工不仅会影响到工人的生计,还可能导致社会不平等和经济分配问题的加剧。

从历史的经验来看,卢德分子没能阻止工业化浪潮,"新卢德分子"

也一样无法阻止新兴技术浪潮。无论我们愿不愿意，技术都会在创新的道路上狂飙突进，重要的是我们该如何自处。

可喜的是，在带来坏消息的同时，《2023年未来就业报告》指出，未来5年新增的工作岗位数量将达到6900万个，包括数据分析师、大数据专家、人工智能和机器学习专家等，而这些职业都需要大量知识储备作为基础。

荀子说："学不可以已。"学习是个持续不断的过程，无论什么时候都不能停下。在这个快速变化的时代，技术和知识更新迅速，终身学习将成为适应社会发展、抓住新机遇的关键一招。

当下，互联网有一句流行语：站在风口上，猪也能飞起来。第一次工业革命之后的200多年时间里，人类创造了比之前2000年总和还多的巨额财富。每一次技术浪潮的到来，在摧毁旧行业的同时，同样带来了海量的机遇。"生存还是毁灭，这是一个问题。"如同100多年前马车夫担心失业一样，站在新时代的十字路口，是积极学习新技术拥抱变革，还是成为"新卢德分子"，这是一个值得思考的问题。

第二节

磋砣莫遣韶光老，人生唯有读书好

《四时读书乐》——读书是最划算的买卖

　　终身学习，一定要从读书开始，因为读书是世界上最划算的一笔买卖，不信我给你讲一个故事。

舞弊大案

　　弘治十二年（1499 年），明朝发生了一件震惊朝野的大事。坊间盛传科举试题泄露，主考官程敏政将考题卖给举人徐经、唐寅。明孝宗大怒，命令将三人下狱隔离审查，三法司与锦衣卫会审此案。

　　徐经是江阴巨富，自幼酷爱读书，家里有"万卷楼"，藏书无数。唐寅就是著名的"江南四大才子"之首唐伯虎。两人是莫逆之交，相约一起进京赶考。徐经是个"富二代"，做事非常高调。来到京城之后，他雇了一帮人在街上吹吹打打，招摇过市，到处拜访京城权贵。当时唐伯虎也已经很有才名了，前来拜访的人络绎不绝，"公卿造请者阗咽于巷"。

　　当时程敏政任礼部右侍郎，与徐家是世交，徐经便带着唐寅前去拜访。程敏政对唐寅的才华早有耳闻，见面之后十分欣赏，为他的诗集题字。徐经也用金币买了程敏政的诗文。这本来是文人之间的小游戏，没想到会试之后，坊间便盛传徐、唐二人向程敏政购买试题，一时间闹得沸沸扬扬。

最终，程敏政蒙冤下狱，不久后遭到贬官，因痈毒不治身亡。徐经、唐寅被取消成绩，终身不得入仕。从此之后，徐经就过上了游山玩水的散人生活。转眼几十年过去，徐家传到了徐霞客这一代。受祖父和父亲的影响，徐霞客从小就对四书五经"不感冒"，专门挑一些《舆地志》《山海图经》之类的书来读。一次，他读到《陶水监传》时，忽然放声大笑说："'为是松风可听耳，若睹青天而攀白日'，这才是人生绝妙的经历。丈夫当朝碧海而暮苍梧，乃以一隅自限耶？"他小小年纪就立下了"欲尽绘天下名山胜水为通志"的志向。

21岁那年，徐霞客终于离开家乡，踏上了远游之路。从这一天开始，直到54岁去世，徐霞客几乎都在旅途中。在跋涉一天之后，无论多么疲惫，徐霞客都会将自己的所见所闻记录下来。在30多年时间里，他的足迹覆盖今天的21个省、市、自治区，走访了大半个中国。

万里遐征

崇祯九年（1636 年），年近半百的徐霞客感到老病将至，于是下定决心踏上了令他心驰神往的"万里遐征"。在接下来的几年中，他先后游历了江西、湖南等地。到达云南时，他的两条腿已经无法行走了，但仍然坚持继续远行。

这是一段十分艰辛的旅程，甚至可以用"九死一生"形容。到达南宁时，一路和他相伴的静闻和尚去世，他感到忧心忡忡，开始担心自己在生命结束之前无法完成旅行。到达贵州时，他雇用的担夫用凳子砸伤了他的脚，还偷走了所有钱财。在湘江码头，钱财被一群盗匪抢劫一空，就连衣服也被扒了个精光，他情急之下跳入水中才得以逃出生天。在大理，与他形影不离的仆人偷走了所有路费，把他这个天命之年的老人扔在路上。徐霞客的精神遭到重创，哀叹"离乡三载，一主一仆，形影相依，一旦弃余于万里之外，何其忍也"。在穿越川西时，徐霞客物资耗尽，独自一人被困在崇山峻岭之间，叫天不应，叫地不灵，只能用刀艰难地砍出一条路，费尽九牛二虎之力翻过山岭，可迎接他的却是一片"吃人"的沼泽地。

在长达 30 多年的时间里，徐霞客一直奔走在"朝碧海而暮苍梧"的路上，山一程，水一程，风一更，雪一更，即使山高路远，盗匪横行，他也从没有停下脚步。崇祯十三年（1640 年）正月，54 岁的徐霞客一身伤病，两足俱废，连路都走不了了，被云南的一位官员用车送回了江阴。

回乡之后，朋友赶来探望。看着一身疲惫的徐霞客，他们问："放着好好的日子不过，你这是何苦来哉呢？"徐霞客说："张骞凿空，未睹昆仑；唐玄奘、元耶律楚材，衔人主之命，乃得西游。吾以老布衣，孤筇双屦，穷河沙，上昆仑，历西域，题名绝国，与三人而为四，死不恨矣。"一年后，徐霞客驾鹤西去。友人将他的日记整理成册，也就是我们现在看到的《徐霞客游记》，千山万壑，尽在其中。

徐霞客一共走了 34 年，经历了无数艰难险阻，最终成书共 60 余万字。我看了一下自己的阅读记录，读完这本书，一共用了 100 个小时。我不禁感叹，100 个小时与 34 年，这是一个多么不成比例的时间差距！这种时间上的压缩，让徐霞客数十年的努力和洞察力得以跨越几个世纪，影响后来无数像我一样的读者。这就是我开头所说的，读书是世界上最划算的一笔买卖。

时间对于每个人都是公平的，无论贫穷还是富贵，无论地位高低，每个人每天都只有 24 小时，每小时都是 60 分钟，每分钟都是 60 秒，一秒钟对于每个人的意义也都是相同的。从本质上来说，我们都是用自己有限的时间来交换资源。一部优秀的作品，一定凝结了作者数年甚至数十年对于人生的感悟、对于世界的理解，而我们只需要付出几十上百个小时，就能获得他们数十年的经验，这就是时间上的"杠杆效应"。

第三节

学而不思则罔，思而不学则殆

《论语》——警惕"智能陷阱"

现在互联网高度发达，文字也好，影像资料也好，我们可以通过各种渠道获取自己想要的信息，那为什么一定要读书呢？看短视频不行吗？看文章不行吗？看社交平台不行吗？

大数据比你更了解自己

你有没有刷手机短视频的经历？在刷短视频时，我们仿佛感觉不到时间的流逝。随着手指的滑动，在屏幕的闪烁和画面的摇曳之中，几个小时不知不觉就过去了。每次看完之后，再回想刷到的内容，只感觉大脑一片空白，什么印象也没有，整个人就像做了一场光怪陆离的梦一样。

另一个现象更加奇怪。我上中学时就喜欢琢磨稀奇古怪的东西，研究一些"离经叛道"的玩意儿。我当时就想，如果有一个平台，能够让我和天南海北的"同好"交流，看看"大神"们的研究，那该多好呀。后来有了天涯社区、贴吧，出现了很多发深度内容的"大神"，我经常在里面流连忘返，看得津津有味。有时候我也会发点帖子或给"大神"们留言，希望得到他们的回复。再后来，天涯社区关闭，微博、短视频平台开始兴起，沟通和交流更加方便了。可奇怪的是，深度内容似乎越来越少了，矛盾却越来越多了。天南海北的网友们往往因为一句话就对陌生人恶语相向，展开人身攻击，火药味十足。这些争议甚至贯穿了我们的时代，将生活和互联网撕裂成了两个极端。

浅薄

按道理说，互联网越来越发达，我们接收的信息应该更加全面、更加深刻才对。交流渠道愈发畅通，人与人的联系更加紧密、更加友善才对。可结果却反了过来。这件事，我百思不得其解。直到读到美国作家尼古拉斯·卡尔的《浅薄》，我才茅塞顿开，恍然大悟。

这本书的主题是"互联网如何毒化了我们的大脑"。接下来，我将根据自己了解的互联网知识和书中的内容，分享一点主观看法，供大家参考。

我们常说，"时间就是金钱"。在互联网时代，时间真的能换成金钱。准确地说，这里的时间指的是用户的时间。各大主流 App 为什么是免费的呢？因为它们想要的就是用户的时间。只要用户多、使用 App 的时间够长，这些 App 就能通过展示广告、收集数据分析用户行为习惯、提供增值服务等方式获得收入。

怎么才能提高用户停留时长呢？这时候，大数据精准推送就起到了至关重要的作用。通过分析用户的浏览历史、兴趣偏好、社交互动等数据，平台可以提供个性化的内容推荐。比如，我有个朋友 A 养了 3 只猫，经常看一些萌宠的视频。平台发现之后，就会持续不断地给他推送相关内容，导致他一拿起手机"根本停不下来"。相对的，我的另一位朋友 B 喜欢看汽车方面的内容，他的 App 上推送的大多也是类似的短视频。利用这种算法，平台可以通过个性化推荐吸引用户兴趣，促使用户花费更多时间在平台上浏览和互动。

在电视时代，我们经常能在电视上看到各种广告。这些广告铺天盖地、无孔不入，却往往不够精准，不能准确触达有需要的人群。对于互联网平台来说，这个问题就很好解决。通过大数据推送，平台可以把你需要的商品精准推送到你的面前。比如，A 刷到的广告基本上都是宠物食品，而 B 刷到的则是洗车、汽车装饰品、汽车广告等内容。

再进一步，通过信息共享，购物平台也能准确获得用户需求，在首页推荐相关商品。这就是很多时候我们一打开购物软件，就能看到心仪商品的原因。可以说，大数据比你更了解自己。

可是，这样一来问题就出现了。在大数据推送的影响下，一个人接收的信息永远是自己喜欢的、认可的、接受的。那么，这些信息就会像一个笼子一样把人困在里面，使其无法接触其他不同的信息。这就是我们所说的"信息茧房"（Echo Chamber），会产生更加严重的问题。

● **观点的单一化** 当用户持续接收到与自己观点一致的信息时，可能会加强其原有的认知和偏见，导致思想和观点的单一化。这种单一化不利于个人全面、客观地认识事物和问题，这也是导致互联网"戾气"越来越重的主要原因。

● **群体极化** "信息茧房"现象还可能导致群体极化，即同一群体内部的观点趋于一致而与其他群体的观点差异加大。这种极化可能加剧社会分裂，妨碍持不同观点者之间的对话和理解。比如，前一段时间有个话题引起热议，即"男女评论区不同"。也就是指在同一条短视频下，男性和女性看到的热评竟然是不同的。男性看到的评论大多是"男人不易"，而女性看到的则多是站在女性视角的观点。

● **创新和学习的阻碍** 接触到多样化的信息和观点对于个人的学习和创新至关重要。处于"信息茧房"中的人会错过学习新知识、发展新观点和得到解决问题的新方法的机会，从而限制个人的成长和发展。

另外，长期接收碎片化信息会直接对我们的大脑产生影响。在互联网时代，信息的获取变得异常便捷，但也导致了信息过载（Information Overload）的问题。人们能在短时间内接触到大量的信息，但这些信息往往是断断续续、片段化的，缺乏深度和系统性。

● **注意力分散** 碎片化信息的泛滥导致人们的注意力更容易分散。我们在不同应用和网页之间快速切换，难以长时间专注于一项任务或内容。这种持续的注意力分散可能削弱我们的专注力和深度思考能力。

● **记忆力下降** 长期接触碎片化信息可能影响我们记忆的形成和保持。由于缺乏对信息的深入处理，这些信息不易被有效编码进长期记忆中，导致记忆力下降。

● **表层学习** 接触碎片化信息更有利于促进表层学习，而不是深度学习。人们可能满足于对知识的浅尝辄止，缺乏进行深入理解和批判性思考的机会。

● **决策困难** 信息过载和碎片化还会影响我们的决策过程。面对海量信息，我们可能难以筛选出有价值的内容，导致决策时犹豫不决或依赖于非理性的快速判断。

如果你有长期浏览碎片信息的习惯，想知道这种习惯对自己的危害的话，不妨现在拿出一本书来，试试自己还有没有耐心读下去。或者，尝试一下看自己还能不能写出一篇稍长的文章。碎片化信息对于大脑的影响可以称为"智能陷阱"，人就在这样的陷阱中变得越来越"浅薄"。可以说，互联网吸引我们的注意，是为了分散我们的注意力。它"发出各种刺激我们感官的杂音，造成了有意识思维的短路，也造成了潜意识思维的短路"，阻碍了我们深度思考和创造性思考的能力。

书籍是最好的"阶梯"

孔子说："学而不思则罔，思而不学则殆。""智能陷阱"实际上"绑架"了我们的大脑，掠夺了我们深度思考的能力，而读书正是跳出陷阱的关键。

我们的大脑和肌肉一样，拥有惊人的可塑性，同样遵循"Use it or lose it"（不用即失去）原则。神经元是大脑的基本单位，负责传递和处理信息。它们通过电信号和化学信号进行通信，从而控制我们的思考、情感、行动和感觉等所有大脑功能。神经元之间的连接点称为突触，信息就是通过突触传递的。神经元的功能和相互作用构成了大脑的基础，使得我们能够学习、记忆、感知和进行复杂的认知过程。

我们换个更形象的说法：想象一下，我们的大脑就像一个超级复杂的电路板，而神经元就是这个电路板上的小灯泡。这些小灯泡（神经元）通过一种特殊的方式相互连接和通信，这种连接点我们叫作突触。每当我们学习新东西或经历新事物时，这些小灯泡就会亮起来，通过突触传递信号，帮助我们思考、记忆和感受。突触的强度可以通过长期高频率活动得到加强，称为长期增强作用；与之相反的另一效应，则被称为长期抑制作用。

美国神经科学家埃里克·坎德尔（Eric Kandel）把神经系统比较简单的海鞘作为研究对象，进行了一系列实验。这就像你的手碰到热水会本能地缩回来一样，当海鞘的触须碰到某种刺激时，它也会本能地收缩。坎德尔和团队反复给海鞘施以同样的轻微刺激后发现，开始时海鞘会有强烈的反应，但多次之后，它的反应就会变弱。这被称为"习惯化"——也就是海鞘知道了某种刺激不是危险的，不需要过度反应。相反，如果给海鞘一个很强烈的刺激，之后即使是轻微的刺激，它的反应也会变得更强烈。这被称为"敏化"——就好比你被吓了一跳，之后对任何小声响都会格外敏感。

坎德尔通过这些实验，发现了海鞘（甚至是我们人类）学习和记忆的基本原理：大脑通过调整突触的强度来学习和记忆。习惯化让突触的连接变弱，而敏化则会使连接变强。这个看似简单的发现，却帮助科学家更好地理解了人类的学习和记忆机制，也为治疗相关的神经系统疾病提供了新思路。因为对神经科学做出的这一贡献，坎德尔被授予了 2000 年的诺贝尔生理学或医学奖。

这个实验证明，大脑神经元具有高度可塑性，持续不断地阅读与思考，就像实验中的"敏化"一样，可以增强大脑神经元之间的连接，从而改善记忆力、提高学习效率，甚至促进新的神经连接的形成。

相反，碎片化信息的接触就像是"习惯化"过程。当我们的大脑经常接触到断断续续、缺乏深度的信息时，我们对这些浅层次信息的反应可能就会逐渐减弱，并导致我们对深度信息的处理能力下降。这种情况下的神经元之间的连接，可能不如那些经常进行深度思考和学习的人那样强大或有效。长此以往，我们的注意力、深度思考能力和长期记忆力可能会受到影响，对信息的处理也趋于表层化，难以进行复杂和具有创造性的思维。也就是说，深度思考和阅读可以从物理上改变并提高大脑的功能，这就是我们为什么需要读书的一个重要原因。

与互联网碎片化信息截然不同，书籍提供了一个系统性的知识框架。阅读一本书往往需要持续的注意力和深度思考，通过理解作者的论点、跟随书中的逻辑结构，我们能够培养自己的逻辑思维和批判性思考能力。这种深度的认知活动有助于建立更加全面和系统的知识体系，从而改变我们的思维方式，跳出"智能陷阱"。

另外，在"信息茧房"中，我们往往被自己的兴趣和观点所限制，难以接触到不同的思想和观点。书籍则提供了一种跳出这种茧房的途径。通过广泛地阅读各种书籍，尤其是那些观点与我们不同或挑战我们现有认知的作品，我们能够接触到多元的思想和观点，开阔视野，从而跳出"茧房"。

第四节

书犹药也，善读之可以医愚

[汉]刘向——读书是门大学问

人类从诞生至今一共创造了多少种书籍呢？谷歌试图计算所有曾经出版过的书籍总数。2010 年，谷歌图书项目的工程师估计，从印刷术发明到当时，大约有 1.29 亿种不同的书籍被出版过，包括各种语言、不同版本和历史时期的书籍。但这个数字不可能完全精确，因为每天都有新的书籍出版，而且历史上的很多书籍都已经失传或未被记录。比如著名的《永乐大典》就有 22877 卷，共 11095 册，约 3.7 亿字，汇集了 7800 多种图书。这套大部头书如今只剩下 400 册残卷，散落在世界各地。

读好书

想要把这些书籍全都读完，对于人类来说无疑是天方夜谭。庄子曰："吾生也有涯，而知也无涯。"因此，面对浩如烟海的书籍，第一步先要判断一本书好不好。

什么是好书呢？现在互联网发达，最简单、最直接的办法就是在权威网站查看该书的评分。9 分以上算是"神作"，8 分以上算得上优秀，7 分尚可，6 分就可以舍弃了。这样的方法虽然十分简单粗暴，有时候难免会出现"沧海遗珠"的情况，但效率无疑是最高的。然而，我们打开网站一看就会发现，即使是神作也有成千上万本，接下来该怎么选呢？

梁晓声提供了一个方法，他说："举凡一切引领我们继续在精神方面向上，继续保持美好人性美好情操的书（想想吧，人类修成人性是多么的不容易，五千五百余年的过程啊，难道不值得保持吗），皆好书。"这是对好书精神内核层面的定义。好书不仅仅是提供知识和信息的工具，更重要的是能够触动人的心灵，引领人们在精神层面向上追求，保持和培养美好的人性与情操。

对于这一点，周国平也有类似的观点："我的标准是明确的，就是真正能让你得到精神上的愉悦和提高，使你在精神上变得更加丰富和深刻。"他又说，有人找自己开书单时会建议："你可以把选择的范围主要放在经典名著上面。"因为他"读书基本是读经典名著，不妨说基本是读死人的书，活人的书读得很少"。"经典名著是时间这个最权威、最公正的批评家帮你选出来的，我发现真的没有上当，它们确实有最大的精神含金量。"

以上我们说的是文学作品，可以称之为"精神食粮"。每读完一本，我们仿佛跟随书中的主角走完了他的人生。肚子饿了要吃饭，精神世界也一样。文学作品的作用很难用指标去衡量。一个恶人不可能因为读了一本书就性情大变，同样，一个好人也不会因为错过一本书而失去他的善良。文学作品的影响是潜移默化的，它们会在不经意间塑造我们的价值观、审美观和世界观。每一本书、每一个故事，都像是一块砖石，逐渐堆砌成我们精神世界的宫殿。这些"精神食粮"，不仅仅为我们提供了逃避现实的避难所，还让我们在面对现实挑战时拥有更多的理解和同情、更深刻的自我认知和更丰富的情感体验，从而更好地与人沟通，与世界相处。尤其是在陷入痛苦和焦虑时，文学作品很多时候都能充当"解药"的角色。

苦难是人类共通的经历，也是文学创作的重要主题之一。我们观察那些经历过或者正在经历苦难的国家就会发现，它们的文学作品大多以苦难为主。譬如阿富汗，从古至今都是一个饱经战火摧残的国家。从古代的波斯帝国、马其顿帝国、贵霜帝国、匈奴、突厥、阿拉伯帝国、花剌子模、蒙古帝国、帖木儿帝国，到近现代的三个大国、五次战争，漫天硝烟席卷过后，留下的只有黄沙和废墟。然而，正是在这片物质文明的荒漠中，却开出了灿烂的文学之花。

阿富汗诞生了不少驰名国际文坛的作家和作品，如卡勒德·胡赛尼和他的《追风筝的人》《灿烂千阳》《群山回唱》（胡尼塞三部曲），纳迪亚·哈希米的《像星星一样闪耀》，法里巴·纳瓦的《鸦片国度》，马拉莱·乔亚的《军阀中的女人》，这些作品都与苦难有关。又如19世纪的俄国文坛，诞生了普希金、陀思妥耶夫斯基、契诃夫、屠格涅夫，他们的作品也大多以苦难为主。类似的还有20世纪的拉美文坛，也诞生了马尔克斯等文学巨匠。

有句名言说："读一切好书，就是和许多高尚的人谈话。"苦难经历往往促使人们深入思考人性的复杂性和生命的意义。文学作品通过描绘人物在苦难中的抉择、挣扎和成长，探索善与恶、强与弱、爱与恨等人性的各种面向，以及在逆境中寻找希望和光明的可能性。在读这些作品时，我们往往也能够在共鸣中找到安慰和力量，从而在精神上获得某种程度的治愈和重建。

在人人都越发焦虑的时代，文学的意义也越发突出。如果你也正在经历"精神内耗"，不妨试试读一些文学作品，或许会收到不错的效果。

非虚构类书籍

按照书籍内容分类，文学作品之外，还有大量非虚构作品，如历史、哲学、科学、传记、技术与工程类书籍等。这些书籍涵盖了广泛的领域和主题，为我们提供了深入了解现实世界、学习专业知识、探索人类历史和文化的机会。这些书籍通常基于事实和真实事件，通过翔实的调查、研究和分析，提供对特定主题的深刻见解，是提高我们对世界认知的重要途径。

看书是多而博好，还是少而精好呢？这个问题不能一概而论。在涉及专业领域知识时，应该少而精。专业知识需要深入理解和掌握，集中精力深读几本高质量的书籍，可以帮助我们建立坚实的基础和系统的理解。在专业知识领域，书籍的质量尤为重要。选择经过推荐、评审的高质量书籍，可以避免在不准确或过时的信息上浪费时间。比如我们上学时，往往每科只有一套课本，教学的重点也都放在课本上。但想要学习新技术，最好通过其他途径如网络寻找最新资源。

我们在深入学习一门技术时，往往是想要靠它提高能力。前几年很流行"斜杠青年"的说法，指的是那些拥有多种职业和身份的年轻人。我身边就有一个朋友，主业是网络小说创作，副业是摄影，还兼职司仪。每天都能看到他在朋友圈发的各种生活记录，有时候是晒美照，有时候是在婚礼现场，有时候是在 LiveHouse，生活过得有滋有味。这些副业，都是他下了苦功夫学习的。

专业领域之外，看书宜遵循多而博的原则。历史书籍能帮助我们知晓过去、理解现在、预测未来，通过了解人类历史上的成就和错误，获得教训和启发；哲学书籍能够培养深刻的思考能力，探索存在的本质、认识的极限和道德的基础，提供对生活和世界观的深层次理解；科学书籍可以拓展我们对自然界甚至宇宙的认知，通过科学方法和理论增进我们对自然现象的理解，激发我们对科学探索的兴趣；传记书籍通过介绍真实人物的故事和经历，给予我们灵感和动力，让我们看到他们的成功和失败，理解不同的生命价值和意义。

罗翔举过一个很生动的例子："看书就像吃饭一样，昨天吃了什么，前天吃了什么，你并不一定会记得，但是它们都成了你的养分。"

读书就像旅行一样，你可能不会记住每一个细节、每一处风景，但那些美丽的画面和感受已经融入你的心灵，成为你看待世界的眼睛。阅读每本书都是一次心灵的旅程，带你走进一个个未知的领域，让你的视野更加宽广、思想更加深邃。就像旅行回来时的行囊充满了收获和惊喜，书籍也在无声中丰富了我们的内心世界，内化为我们人格的一部分。

一曝十寒，进锐退速，皆非学也

朱之瑜——学习要下苦功夫

你身边有没有这样的人：他们似乎天生就精通某一个领域，只要稍微努力就能达到常人难以企及的高度。这种人我们一般称为天才。科学研究表明，遗传因素在个体的智力和特定技能方面确实起着重要作用。某些领域的天赋，如音乐、艺术、数学等，可能与遗传有关。天才往往从小就表现出对特定领域的强烈兴趣和超常能力，这些可能要部分归因于他们的遗传构成。换句话说，天才一出生就自带技能，而无须靠后天努力获得。被称为"全才式的艺术巨匠"的苏轼就是个不折不扣的天才。

苏轼抄书

一天夜里，60多岁的苏轼忽然从床上惊醒，吓出了一身冷汗。他抬眼四处打量，才发现自己正躺在天涯海角的贬所（破屋），梦里是回不去的童年。老东坡怅然若失，起身点灯提笔，将心中的无限怅惘化作一首小诗：

夜梦嬉游童子如，父师检责惊走书。

计功当毕《春秋》余，今乃始及桓庄初。

怛然悸寤心不舒，起坐有如挂钩鱼。

…………

这几句诗是说，夜里梦到小时候贪玩，父亲来检查作业，苏轼赶忙跑到书本边。按照进度，他应该要读完《春秋》了，可当时才读到桓公、庄公的部分。他坐在那里提心吊胆，就像是咬了钩的鱼一样。这一年，被贬到海南的苏轼已经年过花甲，却仍然能够想起自己童年读书的经历，可见苏洵对孩子教导之严厉。

林语堂说，苏东坡是"人间不可无一，难存其二"。苏轼7岁读书，8岁入学，师从道士张易简。学校有几百个学生，老师只夸他和陈太初，说他们是全校最聪明的孩子。10岁时，苏轼就能写出"匪伊垂之带有余，非敢后也马不进"的句子，堪称"神童"。

苏轼还有一项"绝技"，就是记忆力超群。他7岁时遇到一位90多岁的老尼，给他讲了自己在后蜀宫里的见闻。老尼告诉他，后蜀后主和花蕊夫人纳凉时曾做过一首词，还给苏轼念了一遍。直到40多年后，苏轼还记得其中"冰肌玉骨，自清凉无汗"两句。可是，即使是这样的天才，读书下的也是苦功夫。

苏轼被贬黄州时，朋友朱司农前来拜访，通报姓名后却左等右等不见苏轼出来。他想要继续等，但时间实在是太长了；又想要离开，但是已经通报过姓名，离开不太礼貌。就在他左右为难时，苏轼出现了，一见面便连连道歉，说自己正在做日课。朱司农很奇怪，问是什么日课。苏轼解释说，自己抄的是《汉书》。朱司农一听更奇怪了：《汉书》是历史入门书籍，"以先生天才，开卷一览可终身不忘，何用手抄耶"？

苏轼便笑着解释说，《汉书》自己已经抄过三遍了。第一遍时一件事要用三个字来记，第二遍用两个字，第三遍用一个字。朱司农不信，苏轼就把自己抄的书给他看。朱司农一看，只见书上每个字都认识，但连在一起就不知道是什么意思了。苏轼让他随便选一个字，朱司农照做，没想到苏轼直接把整段几百个字全背了出来，与原文一字不差。朱司农敬佩不已，赞叹道："先生真谪仙才也！"

《汉书》记载了从汉高祖元年（前206年）至新朝王莽地皇四年（23年）的历史，共计120卷，近80万字。仅仅是读完一遍恐怕都需要几十上百天，何况是抄写三遍？看来苏轼这样的天才也要遵循"好记性不如烂笔头"。

事实上，能够有所成就的天才，往往比其他人付出更多的努力。从心理学的角度来说，这是因为他们在做自己擅长的事情时，总是能够获得正反馈，不断正向强化，从而使该行为在未来被重复的可能性增加，激励他们继续努力和探索。

伤仲永

有多少天才出现在人们的视野中，就有多少天才陨落在无人知晓的角落。王安石的《伤仲永》就讲了一个天才陨落的故事。方仲永出身农民家庭，5岁时就能写诗，无师自通，"指物作诗立就，其文理皆有可观者"。

乡人们引以为奇，纷纷前来花钱求诗。仲永父亲认为自己找到了生财之道，就带着孩子到处拜访同县的人，也不让他学习。没过几年，这个天才就"泯然众人矣"。王安石总结说，仲永的才能受之于天，比一般同龄人要优秀得多，最终"泯然众人"，是因为他没有接受良好的教育。

假如我们把某个方面的才能设定为 100 分，一般人的起点是 0—10 分，而天才的起点可能是 20 分或者更高。可是，普通人经过努力之后，就能达到天才的高度，这时，"仲永们"自然就会"泯然众人"。一个人的成就不是天生的才能决定的，而是持续不懈努力和不断自我超越的结果。在这个过程中，每个人都有可能通过自己的努力实现自我超越，达到甚至超越"天才"的境界。

曾国藩曾教导弟弟："治军总须脚踏实地，克勤小物，乃可日起而有功。"这里说的"克勤小物"，就是指勤勤恳恳地做好每一件小事，靠一点一滴地积累最终成才。

不管是读书还是学本事，都要下苦功夫，没有捷径可走。我有两个学生：A 以前在工厂里"打螺丝"，没有任何文学基础，但是天分很好，几天就能写出连贯、通顺的文章，而且能把自己的观点融入进去，表达得也很清楚。B 刚毕业，学的理科，也没有基础，写东西很吃力，我手把手教了一个月才达到 A 的程度。

这两个人，我最看好 A，因为他有灵性、有天赋，只要肯努力，一定能吃上写作这碗饭。可一年之后，我却被现实"打脸"了。A 又重新回去"打螺丝"了，反而是 B 坚持了下来，而且每个月都有不少收入。我问他怎么做到的，他告诉我，这一年中，他每天都要坚持写至少一篇文章，有时候写两到三篇，发表到各大平台，然后看读者的反馈进行调整。我问他工作忙不忙，他说自己在工程项目中做文员，每天早上 7 点上班，有时候下班都 11 点了，但不管多晚都会督促自己写完再睡觉，没有一天例外。我又问 A 为什么不写了，他的原话是："我就不适合坐在那里写东西。"说完嘿嘿一笑，露出两排大白牙。我问他有没有试着去发表一些东西，他说自己发了，效果也不错，但每次都坚持不了几天。

给自己贴负面标签、对自己下负面定义是最要不得的。A 给自己贴上了"不适合坐在那里写东西"的标签，这种自我限制的思维成了他进步的障碍。人们往往因为对自己的某种负面定义而限制了自己的潜能和可能性。打破这种自我设限，拥有积极的自我认知，对于个人的成长和成功至关重要。

心智模式

B 的成功不仅仅因为他的坚持，还因为他的方法——每天至少写一篇文章并发表到各大平台，然后视读者反馈调整。这种持续实践和及时调整，帮助他快速成长和提高，也成为学习任何技能都非常有效的方法。

有的人认为自己天赋高，只要稍微努力就能有所成就，因此做事很容易懈怠，总是今天推明天，明天推后天，到最后一件事也没做成。还有一个问题是，自认为天赋高的人，很容易限制自己尝试新事物和挑战自我，害怕失败影响到自认为的"高天赋"形象，这样反而令天赋成了一种束缚。心理学上称之为"固定心智模式"（fixed mindset），在这种模式下，个体认为自己的能力和智力是固定不变的，因而对于努力和挑战的态度相对消极。他们会避免那些可能失败的挑战，以保护自己的自我形象和自尊心，从而错失成长和发展的机会。

相反，那些知道自己天赋不足的人，往往采取成长心智模式（growth mindset）。在这种模式下，个体相信通过努力和学习，能力是可以提高的。因此，他们更加乐于接受挑战。即使面对失败，也视其为学习和成长的机会。这种积极的心态促使他们在面对困难时不轻言放弃，通过持续的努力不断提升自己，反而容易获得成功。

"一曝十寒""进锐退速"，都是学本事、学技能的大忌。"一曝十寒"的学习态度无法带来持续的进步，因为间歇性的努力难以形成长期记忆和稳固的技能。而"进锐退速"则说明没有持续和稳定的努力，一开始的热情和进展很快会被懒惰和松懈所取代，导致最初的进步很快消失。

《刻意练习》中记载过一组统计数据："从事音乐教育的学生在 18 岁之前，花在小提琴上的训练时间平均为 3420 小时，而优异的小提琴学生平均练习了 5301 小时，最杰出的小提琴学生则平均练习了 7401 小时。"所谓"刻意练习"（deliberate practice），是指有目的、有计划地进行旨在提高表现水平的活动。它不仅仅是重复地进行某项技能的训练，而是需要在专业指导下，针对个人弱点进行有意识的修正和提升，重点在于反馈和修正。

因此，在决定学习某项技能后，最好的心态是持之以恒，最好的办法是刻意练习、持续成长。

第六节

博学而不穷，笃行而不倦
《礼记》——学以致用

"世事洞明皆学问，人情练达即文章。"这是《红楼梦》中宁府上房的一副对联，说的是把世间的事弄懂了处处都有学问，把人情世故摸透了处处都是文章。学习，不仅要在书上看，也要在实际生活中体验和实践。在处理人际关系、解决问题、应对挑战的过程中，我们能够学习到如何更好地理解他人、如何有效地沟通、如何适应社会的变化等。

无论学习技术还是本领，我们最终的目的都是将所学应用于实践，解决实际问题，提升个人能力，从而改善生活。学和用的关系就像乘法：如果实践是"0"，无论怎么相乘，结果仍然是"0"。

守仁格竹

王阳明从小就是个"奇葩"，别人都是想读书、想做官，"朝为田舍郎，暮登天子堂"，他却十分与众不同。王阳明在私塾上学时，老师问他什么是天下最要紧的事，他回答说："科举并非第一等要紧事，我要成为圣人。"老师大惊失色：明代之前，中国历史上的圣人加起来也不过两个——孔子和孟子。

如何才能成为圣人呢？孔子说："圣人不利己。"朱熹说："圣人之所以为圣也，只是好学下问。"老子说："圣人不积，既以为人己愈有，既以与人己愈多。天之道，利而不害；圣人之道，为而不争。"可是，这些理论都太过抽象，没有具体可以操作的方法。于是，王阳明只好自己找。

18岁那年，王阳明拜访大学问家娄谅求教。娄谅教授他格物致知之学，王阳明非常高兴，认为自己终于找到了成为圣人的办法。所谓格物致知，就是通过对事物的深入观察、研究和理解，从而达到对道理的明晰和对知识的掌握。

格物： 指对客观事物进行深入的探究和研究。格，即理；物，即事物。格物即是要探究事物的原理和规律，通过实际的观察和思考，理解事物的本质。

致知： 通过格物而达到知识的增长和智慧的提升。致，在此处有达到、实现的意思；知，指对事物真相的认识和理解。致知即是通过探究事物的本质，达到对道理的明了和知识的增长。

既然"格物"能够"致知"，那格尽天下物不就能成为圣人了吗？说干就干，王阳明决定先从后院的竹子"格"起。从那一天开始，他就盘腿坐在竹子前，一动不动地盯着竹子看，一看就是七天七夜，直到最后病倒，都没有发现竹子的"理"。这次失败之后，王阳明暂时放弃了"格物致知"这条路，转而奔赴考场。

龙场悟道

几年后，22岁的王阳明名落孙山，时任内阁首辅李东阳对他说："这次考不中，下次一定能高中状元，不妨现在就写一篇状元赋。"王阳明挥毫泼墨，一气呵成，在场众人无不赞叹。可惜的是，这篇状元赋到底还是没用上。三年之后，25岁的王阳明再次参加科举，再次落第。父亲安慰他说："不要灰心，这次不中，下次再考就好了。"王阳明却说："你们都以落第为耻，而我却以因落第而感到懊恼为耻。"意思是失败本身并不可耻，真正可耻的是因为失败而沮丧和自责。

三年之后又三年，这一次，王阳明终于考中进士，进入了仕途。可他到底不是一个能够"和光同尘"的人，对于看不惯的事，他不仅要说、要骂，还要跟皇帝上书弹劾。当时，宦官刘瑾擅权，逮捕了一大批人，朝中官员人心惶惶，生怕得罪这位煞星。王阳明却上书为他们求情，彻底惹怒了刘瑾，被贬到贵州龙场驿站担任站长。临行前，王阳明的朋友湛若水费了老大劲，才在明帝国的疆域图上找到一个叫龙场的地方。他对王阳明说："这里根本就不是人类居住的地方，你这一去，恐怕凶多吉少。"王阳明却说："有驿站就说明有人，不用怕。"

湛若水的担心是对的。明代时，贵州龙场是个还没有开化的地方，"万山丛薄"，到处都是原始森林，豺狼虎豹出没，瘴气横生，自然条件十分恶劣。另一个威胁是"苗僚杂居"，四处暗藏杀机。更要命的是，由于地处偏僻，明政府的粮食都很难送到，往往一年才有一次。很难想象，一个瘦弱书生在这样的"炼狱"中该如何生存下去。

王阳明走了 4000 多里，一路上翻山过河，遭遇过追杀，碰到过劫匪，鞋子不知道磨破了多少双，身上的旧伤不知道复发多少次，才终于抵达目的地。老驿丞做完交接工作，就欢天喜地地走了，只留下王阳明一个人面对繁茂的原始森林。他是戴罪之人，不能住在驿站，只好找了个山洞住下。正是在这个令人绝望的山洞里，王阳明完成了生命中最重要的转变。

在这孤独而又窘困的环境里，这些年的遭遇不断在王阳明脑中如同走马灯一样闪回。他不断思考，不断反省，不断追问自己，如同着魔一样，时而点头，时而摇头，时而皱眉，时而微笑。这些想法在他的脑中翻来覆去地激烈碰撞、交锋，最终完成融合，从脑海中跃出，形成一幅鲜明的画卷：心学。他认识到，所有的外在学问和知识，其根本都源自于内心。他开始强调"知行合一"的重要性，认为真正的知识不仅仅是理论上的认知，更重要的是要将其付诸行动，实践出真知。

在之后的人生中，王阳明如同"开挂"一样，平定南赣匪患、宁王之乱，总督两广，开门授徒，将心学发扬光大，终于成为一代圣人。

知行合一

王阳明"格竹"之所以失败，是因为人生的阅历不够、实践不够，单纯的外部尝试并不足以使其真正达到内心的明悟。而"龙场悟道"之所以能够成功，是因为他的人生有了厚度，经历了失败与挫折，甚至多次命悬一线，对世界有了更加通透的认识。

我上学时看《三国演义》，最喜欢看那些战争场面和英雄事迹，什么关羽温酒斩华雄、千里走单骑，什么诸葛亮舌战群儒、火烧赤壁，什么赵子龙七进七出长坂坡、张飞横矛当阳桥。每次看到关羽败走麦城，我就瞬间失去了继续读下去的兴趣。后来再读三国时我才意识到，书中真正有趣的、能够激发我共鸣的，是人到中年一事无成的刘备拍着大腿说"髀肉复生"时的无奈，是诸葛亮在五丈原前仰天长叹"悠悠苍天，何薄于我"的遗憾，是曹操横槊赋诗、铁索连江时的意气风发，是司马懿卧薪尝胆、收敛锋芒的隐忍。如果没有足够的阅历，书中的文字看似都读了，却看不出其中的深意。

王阳明心学的核心是"知行合一"，他认为如果仅仅是知道而不做到，就不算知道。任何道德理念和知识，如果不能通过行动来实现，那么这种知识是不完整的，甚至是虚假的。知与行之间不应存在任何隔阂，真正的知识必然会驱动行动，而通过行动又能深化对知识的理解和掌握。

大道理人人都懂，可为什么有人成功、有人失败，有人富裕、有人贫穷，有人人前显赫、有人碌碌无为呢？很重要的一个原因，就是知道了而不去做。譬如，每个人都知道要勤奋，但偏偏做不到。几乎所有人都知道健康的重要性，知道应该定期锻炼身体、保持良好的饮食习惯，避免熬夜和过度的压力。然而，在日常生活中，真正能够坚持做到这些的人却是少数。又比如，大家都知道理财的重要性，知道应该合理规划财务，为未来打下坚实的经济基础。但实际上，很多人却陷入了消费主义的陷阱，没有储蓄习惯，甚至过度消费、负债累累。在人际交往方面，大家都知道要真诚待人、理解和尊重他人，建立良好的人际关系。但在现实生活中，却有很多人因为自私、嫉妒、不理解等原因，无法做到这一点，导致人际关系紧张甚至破裂。

知道和做到之间有着巨大的鸿沟。很多人在认识到了正确的道理之后，由于种种原因未能付诸行动，最终未能实现预期的目标。王阳明心学强调"知行合一"，认为知识和行动不可分割，只有将知识转化为行动，才能做到真正意义上的"知道"。

那么，具体怎么才能做到"知行合一"呢？王阳明提供了一个十分重要的方法：事上练。"人须在事上磨，方能立得住，方能静亦定，动亦定。"就是通过做事去磨炼，通过实践去体会和理解。

《礼记》中写道："博学而不穷，笃行而不倦。"道理和知识只有付诸实践才能转化为自己的智慧和能力。在这个过程中，博学为我们提供了广阔的知识视野和深厚的思想资源，而笃行则是让我们将这些知识和道理应用于实践，提高解决问题的能力，实现自我成长和发展。

第四章

稳住情绪，要有本事，不要有脾气

第一节

君子不迁怒，不贰过

《楚野辨女》——从底层逻辑上破解坏情绪

南怀瑾在《人生无真相》中说起杜月笙，说他"虽不是读书出身，但有一种温文儒雅、老老实实的神态，看起来弱不禁风，却做了社会的闻人，他有包容三教九流的本事"。又说杜月笙有三句名言："第一等人，有本事，没脾气。南方话讲有本事就是能干。没有脾气不是没有个性啊！第二等人，有本事，有脾气。末等人，没有本事，脾气比谁都大。"有很多人，本事也有，认知也有，就是吃了脾气的亏而不自知。

暴脾气真要命

你身边有没有脾气暴躁的人？和这种人打交道实在是非常心累，有时候一句话不对，他就能"炸毛"，和你大吵一架。每次说话时，都要先看看他的脸色，字斟句酌，说一句停一下，看看他的反应再继续。这种人一旦发起火来，那更是不得了，如同火山喷发一发不可收拾，又如大河决堤连绵不绝，甚至能看到汗毛倒竖、怒发冲冠的"奇景"。更离奇的是，他们能对陌生人大打出手，在搜索引擎键入关键词"吵架、血案"，能够看到无数因为脾气暴躁而引发惨烈后果的案例。

暴脾气不仅可能要了别人的命，有时候还可能要了自己的命。《三国演义》中的张飞是出了名的脾气暴躁，思想简单，行为冒失，一喝酒就鞭打属下。刘备得徐州时，吕布赶来投奔，刘备热心收留，让他驻军小沛（今江苏沛县）。可是，张飞生平最恨忘恩负义的人，尤其是吕布这样的"三姓家奴"，要去杀了他。刘备顾全大局，好说歹说总算是劝住了。

之后，刘备和关羽率军攻打袁术，留张飞守下邳（今江苏徐州睢宁县古邳镇）。张飞喝了很多酒，大发雷霆，鞭打了吕布的岳父曹豹。曹豹怀恨在心，与吕布里应外合占了徐州。可怜刘备漂泊半生，好不容易有了根据地，就因为张飞一顿大酒，又过上了"惶惶如丧家之犬"的生活。然而，张飞却没有从这次事件中吸取教训，依然我行我素。

关羽败走麦城被杀后，刘备大怒，起兵攻打东吴，誓要为二弟报仇，命令张飞镇守阆中（今四川阆中）。刘备知道张飞的毛病，临行前特意叮嘱他，不要喝酒，善待士卒。可张飞知道二哥的死讯后悲痛不已，日夜借酒浇愁，脾气更加暴躁，经常鞭打士卒，很多人都被他打死了。

不久后，张飞要求手下在三天内赶制出十万白旗白甲，准备让全军为关羽披麻戴孝，配合刘备攻打东吴。负责此事的两个将军范疆、张达一听傻眼了，就是有流水线，三天也造不出十万白旗白甲。张飞可不管这些，军令如山，造不出来也得造。

很快，三天就过去了。两位部将愁眉苦脸地来找张飞报告，想要宽限一段时间。张飞正好喝大了，听他们这么说，当下怒从心头起，恶向胆边生，把这两个人吊起来狠狠打了一顿，并告诉他们，明天造不出来，就让他们脑袋搬家。

范疆、张达晚上在一起一合计，时间紧任务重，十万白旗白甲肯定是造不出来了，与其想办法解决问题，不如解决提出问题的人。当天夜里，张飞喝了大酒，烂醉如泥，躺在床上鼾声如雷。两位部将偷偷潜入大帐，一刀结果了张飞，逃往东吴。

刘备也没有好到哪里去。他因为关羽的死而发怒，倾全国之力讨伐东吴。陆逊避其锋芒，坚守不出，蜀军远征山高路远，粮草不继。加上时值盛暑，天气炎热，于是，刘备便在山林中安营扎寨。陆逊趁机"火烧连营七百里"，大败蜀军。

坏脾气的根源

无论是刘备还是张飞，都是在发怒的情况下做出了不理智的决定。那么，坏脾气是怎样产生的？为什么能起到这么大的破坏作用，让人完全丧失理智呢？我们来深入了解一下坏情绪的根源。

想象一下，你是一个生活在一万年前的原始人。在一次出去摘野果的路上，你碰到了一只老虎，你的身体会出现什么样的反应呢？

首先，大脑的下丘脑会指示肾上腺释放肾上腺素和去甲肾上腺素，这会迅速提高你的警觉性，准备去应对即将到来的危险。接着，你的心跳会加速，以确保更多的氧气和营养物质可以通过血液迅速输送到肌肉和其他重要器官。为了确保血液能快速流通，你的血压会升高，这有助于你在必要时快速奔跑。接下来，你的身体会迅速将储存的糖分转化为能量，让你在短时间内有足够的力量逃跑或面对老虎的攻击。你的视觉、听觉和其他感官会变得更加敏锐，以便更好地察觉周围的环境和潜在的威胁。为了满足增加氧气的需求，你的呼吸也会变得更加快速和浅促。

这一系列反应，是一种深植于我们基因中的古老生存机制。虽然现代人不太可能在森林里遇到老虎，但在面对现代生活中的压力和威胁时，身体的这套应激反应系统仍然会以类似的方式启动。

我们之所以需要应激反应，是因为在面对危急情况时，它能够第一时间帮助我们的身体做好准备，去应对潜在的威胁，增加生存的机会，毕竟理智的介入需要时间。仔细想一想，你在愤怒、焦虑、恐惧时，身体反应是不是与上文所描述的相同？这就意味着，一旦应激反应被激活，理智就会缺位，人就会遵从本能行事，做出不理智的判断，采取不可思议的行动。在面对利益诱惑和恐惧威胁时，人的应激系统都会被激活，电信诈骗分子利用的就是这一点。

我们在看到那些电诈受害者的新闻时往往会感到不可思议，认为这么简单的骗局，怎么可能骗到人呢？实际上，电信诈骗之所以能够成功，很大程度上是因为进行过精心设计，目的就是要激活人的应激反应，让受害者在高压和恐慌的情况下做出决策。诈骗者通常会构造出一种紧急情况，比如假装银行工作人员告知你有一笔大额转账需要确认，或者假冒警察称你涉嫌犯罪，必须立即采取行动以避免更大的损失或免受法律处罚。这种突如其来的紧急信息会立即触发受害者的应激反应，导致他们在没有深思熟虑的情况下，迅速按照诈骗者的指示行动。

在这种情况下，受害者的大脑处于高度警觉状态，他们的理智思考和判断能力会受到影响，从而容易被诈骗者操纵。这就是为什么一些本来很明显的骗局也能成功的原因。诈骗者利用了人类的生理反应机制，通过制造恐慌和紧急感，绕过受害者的理智防线。

佩韦以缓气

《古烈女传》中写道："君子不迁怒，不贰过。"意思是，真正的君子不会把愤怒发泄在别人身上，也不会犯同样的错误。我们之所以要控制自己的情绪，另一个原因是容易被激怒的人最容易被别人操控，三言两语就能被调动情绪，做出不理智的事，吕布就是典型的例子。王允的"美人计"能够成功，很大程度上都得益于吕布的暴脾气。

王允对吕布说："太师淫吾之女，夺将军之妻，诚为天下耻笑——非笑太师，笑允与将军耳！然允老迈无能之辈，不足为道，可惜将军盖世英雄，亦受此污辱也！"吕布听后"怒气冲天，拍案大叫"，提刀杀了董卓。

又如楚汉相争时，刘邦率军围困曹咎。项羽临行前曾叮嘱曹咎说："你只需要闭门不出，坚守城池，十五天后我就会回军来救你。"没想到，汉军只是在城下辱骂了几句，曹咎便愤怒地开城而出，最终兵败身亡。

可见，暴脾气不仅伤身，还容易让自己落入敌人的圈套。那么，如何才能控制住自己的"暴脾气"呢？战国时的魏国邺令西门豹有个很巧妙的办法。他知道自己性格暴躁，容易发怒，就"佩韦以缓气"。"韦"就是熟牛皮，质地柔软。西门豹每次要发火时，就用手不断揉搓熟牛皮，气慢慢就消了。

这种方法，在心理学上称替代行为（Substitution Behavior）。替代行为是一种行为疗法技巧，其核心思想是用一种积极或中性的行为来替换掉一种负面或不希望的行为。当人们感到愤怒或紧张时，通过进行某种物理活动或心理活动，可以有效分散注意力，减轻或消除负面情绪。

西门豹通过揉搓柔软的熟牛皮来缓解即将爆发的愤怒，这种物理动作有几个作用。

● **分散注意力** 专注于手中的熟牛皮，可以将注意力从让他生气的事情上转移开，减少愤怒情绪的强度。

● **释放能量** 愤怒往往伴随着身体能量的积聚，通过揉搓熟牛皮，可以将这些能量以物理方式释放出来，从而降低愤怒的感觉。

● **平静心态** 持续的、重复的物理动作（如揉搓）可以产生一种平静效果，有助于平静心态，恢复理智。

● **条件反射** 长期以来，如果每次感到愤怒时都采取相同的行动（如揉搓熟牛皮），那么这个动作本身会成为一种信号，提示大脑进入更平和的状态，使其成为一种通过条件反射来控制情绪的方法。

这种方法其实跟和尚数佛珠、敲木鱼的行为有异曲同工之妙。念珠（佛珠）的使用通常伴随着念诵经文或佛号，重复的动作和声音可以帮助修行者集中精神、减少杂念，从而达到内心的平静。击打木鱼也是一种重复的物理活动，它不仅提供了节奏感，还有助于集中注意力和引导心神。这些方法的共同点在于，将外在的、可触摸的物理对象作为辅助，利用重复性的动作或声音，来实现心理上的集中和平静。这种做法实际上是一种身心整合的过程，通过身体的动作影响心理状态，最终达到调节情绪、减轻压力、增强自我控制能力的效果。

在生活中，我们也可以借助类似的方法来消解负面情绪，比如玩压力球、戴手链或手串、做深呼吸等。无论采用哪种方法，重要的是找到适合自己的方式，持之以恒地实践。通过练习，可以逐渐提高自己的情绪调节能力，更好地面对生活中的挑战和压力。

第二节

大器晚成，大音希声
《道德经》——消除"精神内耗"

这几年有个流行词，叫"精神内耗"，曾入选"《咬文嚼字》2022 年十大流行语"。所谓的精神内耗，就是个人在无外界压力的情况下，因过度思考、担忧、自我质疑等内在因素，导致精神能量的过度消耗和心理状态的紧张。这种现象在当代社会尤为常见，很多人即使在没有实际工作压力或外部压力的情况下，也会感到精神疲惫、情绪低落。

"笨蛋"曾国藩

曾国藩就经历过很长一段时间的精神内耗，他虽然被誉为"晚清中兴第一名臣"，但无论是科举还是仕途都不算顺利。

在清代，普通人想要做官，科举几乎是唯一一条路。当时的科举分为三级：第一级叫童试，考中之后称为秀才。第二级是乡试，考中后称为举人，到这里就算是有了功名和特权了，这也是为什么范进中举之后高兴到发疯。第三级是会试和殿试，考中之后称为进士。对于曾国藩来说，科举是一条无比坎坷的道路。

曾国藩很笨，笨到连小偷都嫌弃他。据说，曾国藩小时候每天都要背诵一篇文章才睡觉。一天晚上，小偷进了一间房躲在房梁上，恰好曾国藩在这里背《岳阳楼记》，小偷只好等他背完睡下再出来行动。可是，曾国藩怎么也背不会，小偷等得都快睡着了，他还在"政通人和，百废具兴"上打转。小偷又等了一会儿，实在不耐烦了，就从房梁上跳下来说："你个笨秀才，我都听会了。"说完背诵一遍后扬长而去，只留下一脸茫然的曾国藩在"风中凌乱"。

除了脑子笨，曾国藩家族也没有考试成功的基因，"五六百载"连一个秀才也没出过。曾国藩的父亲曾麟书从十几岁开始，童试场场不落，前后考了十六次，却连秀才也考不上，头发花白了还是个"童生"，沦为乡人的笑柄。曾国藩的叔叔曾骥云也一样，到老都没有考中秀才。

家族基因里的这种"笨"也遗传给了曾国藩和他的几个弟弟。曾国藩光是童试就先后考了五次都名落孙山，他的几个弟弟读书都很早，却始终不能中举。22岁那年，父子俩再次携手并肩，一起参加考试。曾麟书第十七次终于考中了秀才，曾家"五六百载"，终于出了个秀才。可是，曾国藩自己却第六次失败了。更让他难堪的是，在另一个榜单上，他看到了自己的名字。

在清代，每次考试之后，主考官都会挑出几篇写得差的文章，当作反面典型公示出来，称为"悬牌批责"，让大家引以为戒。曾国藩就"光荣"地被挂了出来，理由是"文理欠通"，也就是道理没讲明白。对于曾国藩来说，这就像是被当众扇了一记重重的耳光一样。

曾国藩彻底蒙了，他从小就是个自尊心很强的人，考试接连失利，已经让他沦为了乡人的笑柄，没想到这次"批责"让他的名声直接传遍了全省。后来他在给弟弟的信中回忆起这件事时说："余生平吃数大堑，而癸丑六月不与焉。第一次壬辰年发佾生，学台悬牌，责其文理之浅。"

这件事之后，曾国藩陷入了严重的精神内耗。他从小就一直想着要出人头地、光宗耀祖，成为像祖父一样顶天立地的人。曾国藩的祖父曾玉屏白手起家，从被人嘲笑的"街溜子"一步步成为当地首屈一指的乡绅，倔强了一辈子。家里的子弟之所以在失利后仍然不断参加科考，都是曾玉屏在背后撑着。

可是，现实却狠狠打了他一记耳光，别说光宗耀祖，现在就连做人最基本的尊严也失去了，被乡人指指点点，如芒在背。一时间，焦虑、痛苦、迷茫、厌倦、困惑、渴望、愧疚、恐惧、自责、无力一齐涌上心头，让这个年轻人寝食难安，仿佛笼中鸟、槛中兽，无论如何也找不到出口。

笨人自有笨办法

佛家说，人生有七苦，生、老、病、死、怨憎会、爱别离、求不得。生、老、病、死的生理苦痛，更多的是对肉体的消耗。怨憎会是与讨厌的人相遇，爱别离是与爱的人分离，求不得是无法得到想要的东西。最后这一苦才是最苦，也是曾国藩此时正在经历的——远大抱负与自身能力的巨大差距，成为理想与现实之间无法逾越的鸿沟。

弟子问释迦牟尼："您既然如此神通广大，为什么还要人受苦呢？"释迦牟尼说："我虽有宇宙中最大的神通，却有四件事情做不到——因果不可改，智慧不可赐，真法不可说，无缘不可度。"

曾国藩家族考运不济，他生性愚钝，这既是因果，也是缺少智慧。不过，好在他经过无数个日夜的挣扎之后，最终得了"真法"。曾国藩给自己取名"涤生"，决心置之死地而后生。"从前种种，譬如昨日死；从后种种，譬如今日生也。"他在心里告诉自己，既然笨，那就付出比别人多百倍的努力。既然没有考运，那就准备得比别人更充分，以实力确保无懈可击。既然已经沦为笑柄，那就不要去在意别人的眼光。

心态转变之后，曾国藩逐渐发现了自己过去的问题——死记硬背，不知变通。当年的主考官也曾发现这个问题，说他基础很好，就是写不好文章。于是，曾国藩改变了努力的方向，不再把背书当作第一要务，而是研究起文章的结构和说理的方法，每次写文章前，总要在心里先把大纲构思好才肯动笔。

在接下来的六年里，曾国藩仿佛开窍了一样，连续考中秀才、举人，最后金榜题名，28 岁高中进士。之后，曾国藩又参加朝考，被道光皇帝钦点为第二名，成了国家"高级储备干部"。至此，曾国藩的人生彻底转变。

走出内耗

曾国藩是怎么走出精神内耗的呢？

他首先进行了自我认知和自我接纳，明确了自己的位置和出发点。他意识到自己在学习上的困难，并接受了这一现实，认为自己比别人笨，需要通过"笨鸟先飞"的方式来弥补天赋上的不足。这种自我调整帮助他减少了自我否定的情绪，为后续的努力奠定了基础。

其次是目标设定。在接受自我之后，曾国藩对自己的学习和成长设定了明确的目标。他不再盲目追求背诵，而是转变学习策略，专注于文章结构和逻辑的学习，以及如何有效地表达思想。这种明确的目标设定使他的努力更有方向和效率。

最后是持续努力。曾国藩在走出精神内耗的过程中，展现了极高的毅力和持续努力的精神。他没有被早期的失败和挫折打败，而是不断地努力和尝试，最终实现了从一个学习上有困难的人到成为晚清中兴第一名臣的转变。

《道德经》中写道："大器晚成，大音希声。"大的器物需要经过很久才能铸成，大的声音听起来很细微，所有成就都是厚积薄发的结果。

曾国藩的方法，重点在于"做"而不是想。很多时候，我们之所以陷入精神内耗，都是因为急于求成，而忽视了长期努力和持续进步的重要性。想要告别内耗，最重要的是改变思维方式，把"想做什么"改成"我应该做什么"，再具体到"我现在应该做什么"，然后去积极地行动，一切自然会水到渠成。

第三节

天下事有难易乎？为之，则难者亦易矣
《为学一首示子侄》——破解焦虑的"万能公式"

我一个朋友最近很焦虑。他今年 35 岁，在北京的一家互联网公司上班，老婆不工作，全职在北京带孩子。为了给孩子更好的教育资源，他前两年把老家省会的房子卖了，在天津买了一套，每个月房贷就有大几千。35 岁、互联网、房贷，这位朋友的"BUFF"几乎叠满了。

有一个周末他跟我聊天，说自己快撑不住了。为了不被裁掉，他每天都要自觉加班，生怕表现不积极被老板开了。我问他有没有其他打算，他想了很久，撩了一下"硕果仅存"的头发说："想过，但是不敢试，越想越焦虑，晚上成宿成宿地睡不着。"

所谓焦虑

我这位朋友代表了一个巨大的人群。35 岁是职场的一道坎，要么上去，要么就下来。智联招聘发布的《2023 年一季度人才市场热点快报》显示，超过 85% 的职场人感受到了"35 岁门槛"。在"地狱难度"的求职市场中，很多企业招聘时都会明确写明"35 岁以下优先"。

其实，不仅仅是职场人，在当下，焦虑似乎成为一个普遍的社会问题。谷歌趋势显示，自 2004 年以来，"焦虑"一词的搜索频率增长了 300%。

我想，很多朋友应该都会有类似的经历：

上班族担心工作表现不佳，害怕失业，对未来职业发展感到不确定，或是担心无法满足上司和同事的期望。

学生担心考试成绩，担心无法完成学业要求，对选择的专业或未来职业方向感到迷茫。

在人际关系方面，担心被人误解、担心伴侣关系或友谊出现问题，害怕孤独或被拒绝。

在经济方面，担忧财务状况，害怕债务、生活成本上升，担心无法承担突发事件带来的经济负担。

对自己或家人的健康状况感到焦虑，特别是在面对疾病或医疗状况时。

对社会动荡、政治冲突或环境问题等宏观层面感到担忧。

面临重大生活事件时，如婚姻、离婚、搬家、换工作、退休等，对于这些变化带来的未知和不确定性忧心忡忡，造成焦虑。

对在公众场合发言、表演或在重要场合下的表现忧心不已，恐怕搞砸了锅。

……

这些都是生活中十分常见的焦虑场景。从心理学的角度来说，焦虑的本质是一种恐惧，它是对潜在威胁或未知结果的预期反应，反映了个体对即将到来的负面事件的担忧。焦虑可以由多种因素触发，包括工作、人际关系、健康等。

焦虑就像附骨之疽一样无孔不入，总是在不经意间侵入你的大脑，像一股看不见的力量紧紧地握住你的心脏，让你感到极度的不安和紧张。你无法集中注意力，思维跳跃，难以冷静下来思考问题，脑海中充斥着各种杂乱无章的念头。夜晚躺在床上翻来覆去，难以入睡，或是频繁醒来，第二天感到筋疲力尽。你还对自己的能力失去信心，总是预期最坏的结果，陷入一种"我做不到"的负面思维循环。

一件事，如果结果确定是好的，你不会焦虑；如果确定是坏的，你也不会焦虑。最可怕的就是结果不可预知。从人类诞生开始，这种对于不确定性的恐惧就牢牢注入了我们的基因中。

末日刷屏

我有一段时间特别焦虑。当时 ChatGPT 刚发布不久，网上到处充斥着"人工智能"将会取代人类，尤其是文字工作者的说法。我每天拿着手机，无心工作，整晚整晚睡不着，不断浏览相关内容，担心未来的生活，脑子昏昏沉沉，对一切都提不起兴趣。坐在电脑前，半天才能憋出几百字。写了删，删了写，怎么都不满意。

近年来，互联网流行一个新词叫"末日刷屏症"（Doom scrolling），指持续滚动浏览社交媒体或新闻网站，不断阅读关于灾难、悲剧或其他令人不安消息的行为，即便这些信息会引发焦虑、恐惧或其他负面情绪，"末日刷屏症"患者仍然难以自拔，停不下来。我当时的情况，就属于典型的"末日刷屏症"。

我告诉自己，这样下去肯定不行，必须停下来出去散散心。于是，我驱车200多千米，找到了大学时最好的朋友老汪。老汪在景区附近开烧烤店，每天晚上都要忙着穿肉串，一直到凌晨三四点。

忙完后，老汪吃力地搬来一箱羊腰子，熟练地从腰子里挤出一个冰疙瘩，一脸神秘地问我："你知道这是什么吗？"我说不知道。老汪说："这是尿，羊尿。"说完哈哈大笑，接着便开始抱怨："最近旁边的几个商家都找了网红推广，生意好得天天排队，我这里顾客越来越少了。"我问他："你怎么不找网红推广呢？"老汪说："这里虽然是景区，但周围都是住宅楼，老顾客多，很多都在这里吃了好多年了。他们买团购图的是便宜，我只要把品质做好，等这阵风过去了，生意自然就好了。"我问他："你不怕一直这么下去吗？"老汪抬起头，仰望天空，狠狠灌了一口啤酒，发现天上连一颗星星都没有，这才不得已放弃忧郁人设说："你看我哪有时间怕呀？太阳都快出来了，我还在挤尿呢。睡醒了我还要写小说，每天3000字，网站全勤奖虽然不多，但苍蝇再小也是肉啊。"我说那是蚊子。老汪说："都是节肢动物，鸡肉味，嘎嘣脆。"说完又是哈哈大笑。

看着老汪熟练挤出冰冻羊尿的身影，我脑子里突然像是闪过一道闪电。"你看我哪有时间怕呀？"他的话言犹在耳。对呀，只要忙起来不就连焦虑的时间都没有了吗？我突然意识到，既然焦虑是对未知的恐惧，那我多了解、多熟悉不就好了吗？

第二天赶回家之后，我第一时间注册了 Chat GPT，不再观看"人工智能导致失业"的任何内容，而是把精力都用在 Chat GPT 的使用方法上，不断换各种方式与其对话，进行训练、生成。最后我发现，就目前来说，Chat GPT 还只能作为辅助工具使用，存在很多问题，我的焦虑也慢慢缓解了。这是因为我通过直接经验而非假设或猜测来了解了自己担忧的事物。

万能公式

这件事给我带来了三点思考：第一，担心还没有发生的事是愚蠢的；第二，无论遇到什么事，都要少想多做；第三，有很多事情是无法解决的，需要果断放下。自己无法决定的事，想了也是白想。于是，我给自己定了一个做事的宗旨：只想自己能做的事，不想自己不能决定的事。我称之为解除焦虑"万能公式"。每次遇到事，我都会先问自己：这件事能不能解决？如果不能，就果断放下；如果可以，再想办法去做。比如小孩子赖床这件事，就是无法一次性解决的。你今天早上把他凶一顿，自己气得半死，他明天、后天还是照样要赖床。想一想，你现在已经是成年人了，是不是还会赖床？所以，如果想要一次性解决这样的问题，结果就是让自己生气，不断地生气。面对这样的情况，首先要做好"打持久战"的准备，给自己一个心理预期，着眼解决"这一次的问题"，而不是"这个问题"。

回到人工智能的问题，如果有一天，人工智能真的替代了我，我该怎么办？这件事我无法决定，也无法解决，所以只能说："到那天再说吧。"而我现在能做的，就是不断了解关于人工智能的最新发展情况，熟悉这个新工具。

有了"万能公式"，我感觉整个人生都变了。以前我经常会为各种问题担忧，大到宇宙重启、地球爆炸、政治动荡，小到中午吃什么、周末玩什么。自从确定了这个原则之后，我的焦虑明显减少，做事的效率也更高了，再也不会为那些遥不可及的事情担忧，成了彻彻底底的行动派。

清代学者彭端淑在《为学一首示子侄》中写道："天下事有难易乎？为之，则难者亦易矣；不为，则易者亦难矣。"焦虑源于恐惧，了解是消除恐惧、缓解焦虑最好的办法。无论遇到什么问题，少想多做永远不会错。这个道理其实很简单：知道得越多，恐惧就越少。

佛家说："众生皆苦，万相本无。"每个人生活在世界上都会有所求，有所求就会有失落、有遗憾、有恐惧、有悲痛……任何人都不可能一帆风顺。生命是一场苦旅，而生活的本质就是"兵来将挡，水来土掩"，见招拆招。现在回头看看，那些以往认为无法跨越的，如同大山一样的困难，你是不是已经跨过了？虽然生活还会有下一座山、下一条河，但你一定能够不断翻山过河，成为自己的英雄。

第四节

将欲弱之，必固强之；将欲废之，必固兴之
《道德经》——得意勿忘形

《易经》中有两个卦非常有意思，一个是泰卦（☷），另一个是否卦（☶）。画出来是这个样子：泰卦上面是坤卦，代表地；下面是乾卦，代表天。意思是天气上升，地气下沉，天地相交，万物咸通。否卦和泰卦正好相反，代表天地不交，衰败闭塞。泰卦和否卦的画法正好相反，这样的形式叫作"错卦"，否极泰来就是从这里衍生出来的。任何事物，一旦过了头，就会朝相反的方向发展。譬如登山，在山脚下时，每一步都是上升；相反，登到山顶之后，接下来每一步就都是下降了。人生的际遇也是如此。人在高位时，一定要提醒自己谦卑谨慎，因为下面的人都在用放大镜看着你，等着你犯错，时刻准备扑上来。人在得意时，一定要时刻提醒自己不要忘形。

得意忘形

人在得意时为什么容易忘形呢？大致有以下几个方面的原因。

● **认知失调**：当人身居高位时，自我认知就会上升，开始认为自己应得到更多的赞誉和特权。在这种情况下，如果有行为或态度与这种新的

自我形象不一致，他们就会不自觉地调整自己的行为，使其符合自我形象，从而导致忘形。例如，公司某员工曾经十分低调谦逊，在晋升为领导之后，变得十分傲慢，经常指责其他人，要求员工言听计从。

● **自我膨胀** 成功和赞誉会导致自我膨胀，使得个体对自己的评价过高，忽视他人的贡献和情感需求。这种以自我为中心的状态会使人更有可能表现出骄傲和自大的行为。例如，某人因为运气获取了大量财富，错误地认为自己能力过硬，开始忽略其他人的意见。

● **确认偏误** 在得意时，人们往往会寻找和关注那些能够确认自己成功和地位的信息，而忽视或否认任何负面或批评的信息。这种选择性的信息处理方式，可能导致他们对自己的行为缺乏客观的反思。

● **群体迷思** 得意时，周围的人可能会出于尊敬、羡慕或是希望得到好处而赞同你的意见和行为。这种群体迷思可能会增强个体的行为，使之更加膨胀，也就是我们平时所说的"飘了"。

● **奖励系统的影响** 成功带来的正向反馈激活了大脑的奖励系统，这可能导致个体追求更多的正向反馈和即时满足，而非长期的责任感和谦卑态度。例如，一位作家在小说大卖后，开始追求更快的出版速度和更高的销售量，逐渐忽略了写作的质量。他的作品开始变得肤浅，没有了先前的深度和思考，读者也渐渐失去了兴趣。

官渡之战

曹操在《短歌行》中写道："山不辞高，海不厌深。周公吐哺，天下归心。"这四句诗，前两句出自《管子》的"海不厌水，故能成其大；山不辞土石，故能成其高"；后两句说的是周公为了接待人才，吃饭时迫不及待吐出口中的食物。曹操的意思很明确：天下的人才都可以来我这里，我一定会给你们最好的待遇。他是这么说的，也是这么做的。

古往今来，真正能成大事的人，都是会用人的。曹操手下的谋士，光是闻名天下的就有荀彧、荀攸、郭嘉、贾诩、刘晔、蒋济、毛玠、程昱等人。这些人中的任何一个都能够左右天下局势，改变一时一地的战局。除此之外，还有一个特殊的谋士许攸，他从小和曹操、袁绍交好，相互引为知己。

东汉末年，天下大乱，董卓专政。袁绍出身显赫，四世三公，被各路诸侯推举为盟主讨伐董卓，声势浩大。之后，他又接连夺取冀州、青州、并州，平定黑山军。到这时，袁绍已经雄踞黄河下游四州，物产丰富，兵源充足，坐拥数十万军队，成了当时最大的割据势力。许攸就是在袁绍夺取冀州时成了他的谋士。

反观曹操，父亲曹嵩是宦官曹腾的养子，是真正的"宦官之后"。年少时任性豪侠，不修边幅，放荡不羁，没有人看好他。经过十年征战，曹操占据了兖州。这里虽然是平原，却是四战之地，曾遭受黑山军进犯，被李傕军团劫掠，连青州黄巾军也大举入侵过，破坏十分严重。不过，曹操手上却有一张"王牌"——汉献帝，能够让他"挟天子以令诸侯"。

袁绍想要一统天下，就必须将汉献帝掌握在自己手中。于是，建安四年（199年），袁绍发兵十万南下攻打曹操。当时，曹操的军队只有三万多人，双方实力悬殊。消息传到许都，很多议臣都认为这场战争毫无胜算。但曹操却认为，袁绍刚愎自用，志大才疏，只要集中优势兵力守住官渡这个军事要冲就能拖死袁绍。

火烧乌巢

不久之后，袁绍大军压境，两军对峙官渡。曹操想要以逸待劳，后发制人，但打起仗来人吃马嚼，没有钱粮是万万不行的。袁绍占据当时的主要粮食产区，兵多粮广，粮草可以源源不断地运往前线。曹操虽然割据河南，但破坏严重，缺兵少粮，根本无法与袁绍抗衡。两军相持了几个月，兖州百姓疲敝，后方不断发生叛乱，军粮也供应不上了。曹操急得焦头烂额，再这样下去，这仗就不用打了，拖也要被拖死。

曹操不知道的是，袁绍阵营中的许攸也坐不住了。他找到袁绍提议说："曹操的兵力现在都在官渡，后方空虚。我们没必要在这里跟他对峙，可以派一支轻骑连夜突袭许都，迎回天子，再以天子的名义讨伐曹操。这样一来，曹操必败。"可袁绍却说："我一定要先抓住曹操。"许攸听后十分生气，拂袖而去。

不久之后，许攸的家人犯法被抓。许攸知道自己早晚要被牵连，于是赶忙投奔曹操。曹操听说许攸到来，连鞋子都来不及穿，光着脚迎出大帐说："子远一来，大事可成。"两人坐定之后，许攸问他："你们的粮草还能支撑多久？"曹操淡定地说："最少还能撑上一年。"许攸根本不信，又问："哪有这么多，你跟我说实话。"曹操又回答："还能支撑半年。"许攸还是不信，说："你要是想打败袁绍，就跟我说实话。"曹操这才笑着说："我跟你开玩笑呢，粮草只能坚持一个月了。"许攸说："你们现在孤军驻守官渡，既没有援军，也没有粮草，早晚必败。现在袁军的粮草存放在乌巢，防备薄弱，你只需要派轻骑突袭，把粮草烧掉，不出三天，袁军自乱。"曹操大喜，按照许攸的计策，派精兵突袭乌巢，将袁军粮草烧了个精光。消息传出后，袁军果然阵脚大乱，大败而归，从此一蹶不振。

几年后，袁绍病逝，曹操率军攻破邺城，占领冀州。许攸自恃功高，不管什么场合都称呼曹操小名阿瞒。有一次甚至在宴席上说："阿瞒，如果没有我，你能得到冀州吗？"曹操表面上不计较，笑着应和，心里却很不舒服。又有一次，许攸从邺城东门进入，对左右人说："要是没有我，这曹家人哪里能进入这城门？"没过多久，有人把这件事告诉了曹操，许攸被他以"恃旧不虔"的罪名处决。除了许攸，因为相同罪名被曹操处死的还有孔融、娄圭。

《三国演义》中有诗赞许攸："堪笑南阳一许攸，欲凭胸次傲王侯。不思曹操如熊虎，犹道吾才得冀州。"许攸的行为就是典型的得意忘形。他虽然在官渡之战中立了大功，但曹操对他这种卖主求荣的人本来就没什么好印象，处处防备，他就算谨小慎微都不一定能够善终，何况是这样肆无忌惮呢？

《道德经》中写道："将欲废之，必固兴之。"意思是想要废掉一个人，就要先抬举他，把他抬到不属于自己的位置，让他得意忘形，最后再让他跌落。在人际关系和社会交往中，我们要时刻保持警惕，尤其对于过度的赞美和抬举要保持理性的判断力，避免落入他人设下的陷阱。

知止而后有定，定而后能静
《大学》——做一个情绪稳定的人

有一件事让我印象特别深刻，即使过了近十年，至今想起来仍然历历在目。那年我回老家赶集，一对母子在卖麻辣烫的摊位前吃东西，一人拿着一个纸碗狼吞虎咽。可能是纸碗有点烫，孩子没拿稳"啪嗒"掉在了地上。母亲立刻放下碗，狠狠给了孩子两个耳光，又凶神恶煞地破口大骂。孩子像是被打习惯了，一声不吭地低着头，不知道在想什么，但我能够切身感受到孩子的绝望与无助。这样的父母对于孩子来说就是童年噩梦，会给孩子留下一辈子的心理阴影。就像那句话说的：幸运的人，用童年治愈一生；不幸的人，用一生治愈童年。

没人喜欢"火药桶"

这两年网上流行一个话题：一个人顶级的修养（魅力）是情绪稳定。与情绪稳定的人相处，有一种如沐春风的感觉。他们遇事不慌，总是能够冷静判断、理性分析，做出正确选择。他们对自己很有信心，不会因为一点小小的挫折就感到沮丧或失落。他们能够倾听别人的意见，尊重别人的想法，不用自己的价值观"绑架"别人。即使是遇到挑衅，他们也能很快镇定下来，巧妙化解。

在心理学中，情绪稳定通常指的是个体在面对外界刺激和内在冲突时，能够保持相对稳定和适应性情绪反应的能力。情绪稳定的人通常能够有效管理和调节自己的情绪，不易受到外部环境变化的影响，能在压力和挑战面前保持冷静和进行正常思维。

情绪稳定性是人格特质之一，在五大人格特质模型（即大五人格模型）中，与情绪稳定性相对的特质是神经质（Neuroticism）。高神经质的人倾向于经历更多的情绪波动，更容易感到焦虑、沮丧和易怒。

《世说新语》中记载了一个王蓝田吃鸡蛋的故事。王蓝田是西晋时期太原人，性子很急躁。有一次吃鸡蛋时，他想用筷子扎起来吃，结果没有扎到，便十分生气地把鸡蛋扔在地上。没想到，鸡蛋在地上滴溜溜乱转，像是在嘲讽他一样。王蓝田更气了，从席上跳起来用脚去踩。西晋时流行穿木屐，因为下面有齿，结果又没踩中。王蓝田愤怒至极，就把地上的鸡蛋捡起来，放在嘴里咬碎后再吐出去，仿佛要让它"粉身碎骨"一样。王蓝田就是典型的"神经质"。

相信大家都有类似的感受。与情绪不稳定的人相处，就像是怀里抱着个"炸药桶"一样，非常心累。有时候一句话不对付就能点燃他们的情绪，一点小事就能让他们焦虑得茶饭不思。与他们相处时，说话要字斟句酌，还要不断察言观色，生怕一句话就把他们"点燃"了。这种过度的谨慎和不断的应对，不仅消耗巨大的精力，也极大地增加了心理压力。如果不是出于无奈，相信没有人愿意跟这样的人相处。换句话说，我们也要避免自己成为这样的人。

"日记狂人"曾国藩

曾国藩在朝考时被道光帝钦定为第二名，做了翰林院庶吉士。庶吉士在明清两代相当于储备干部，是朝廷的重点培养对象，却没有什么实权。明代大学士徐溥就说过："自古帝王储才馆阁以教养之。本朝所以储养之者，自及第进士之外，止有庶吉士一途。"成为庶吉士之后，还要参加散馆考试，成绩优异者才能真正留在翰林院，成为翰林院检讨。考试成绩差的则会被派到各部门，或者在各地方任职。

曾国藩考中进士后在家休息了一年，之后再次进京参加散馆考试，成功当上了翰林院检讨。这个官职虽然品级不高，只有从七品，还不如县令，但地位却很高，日后是要写诏书、拟圣旨的，被人称为"金马玉堂"。进京之前，曾国藩踌躇满志，想着自己不到三十就中进士、点翰林，说不尽的意气风发，一心想要成就一番事业，实现治国平天下的抱负。

可真正进入翰林院之后，曾国藩逐渐发现了自己的缺陷。其他的翰林大多学富五车，平时说的话、读的书他连听都没听过，见都没见过。加上他操着一口土里土气的"湘普"，身上满是"粗鄙之气"，心里的自卑和烦躁日甚一日。他这一段时间的日记中，"浮躁"出现的频率很高，比如"如此大风，不能安坐，何浮躁至是""心浮不能读书"等。

翰林院的清苦和孤寂，使曾国藩越来越浮躁，动不动就斥责下人。后来，曾国荃来到京城跟他一起学习，也因为受不了他的脾气回乡去了。曾国藩当时正值壮年，正是欲望强盛的时候，不仅心浮气躁，还很好色。有一次，曾国藩得知自己的朋友纳了一个小妾，长得十分美貌，便登门拜访，再三要求朋友让小妾出来。见到那位如花似玉的小妾之后，曾国藩还和人家调笑了几句才罢休。

一直到这个时候，曾国藩还只是个学了一些应试技巧，情绪极不稳定的"俗人"。如果一直这样下去，也就没有后来的所谓"半个圣人"了。曾国藩的转变，是从认识唐鉴开始的。唐鉴是当时天下闻名的理学大家，他认为曾国藩最大的问题就是"忿狠"，应该用"静"来休养身心。佛家说："积植德行，不起贪嗔痴欲诸想，不着色声香味触法。"意思是只有把贪嗔痴欲这些杂乱的想法去除掉，人才能真正地静下来。

曾国藩找到的办法就是写日记，把每天发生的事记录下来，及时发现问题，鞭策自己去改正。他立志要像王阳明一样成为圣人，定下了"不为圣贤，便为禽兽"的人生目标。曾国藩日记最大的特点就是真实，发生过的事，无论正面还是负面，他都会如实记录下来，并对自己进行严厉批评，化身"日记狂人"。比如，有一次起床晚了，他说自己"真禽兽矣"；又有一次贪睡，他骂自己"下流"。曾国藩通过对自己言行进行忠实记录和深刻反省，逐渐改掉了浮躁的毛病。

做一个情绪稳定的人

从心理学的角度来说，曾国藩所采用的方法包含了几个关键的心理学原理。

● **自我反馈机制** 通过日记，曾国藩为自己建立了一套自我反馈机制。这种持续的自我监督和自我评价帮助他认识到了自己的问题和不足，从而逐步改正。

● **自我调节** 曾国藩通过对负面情绪和行为的严格控制，展现了强大的自我调节能力。自我调节是个体适应环境、实现目标的重要心理过程，它包括设置目标、监控自己的行为、评估行为与目标的一致性和调整行为等步骤。

● **认知重构** 在唐鉴的指导下，曾国藩学会了用"静"来休养身心，这实际上是一种认知重构的过程。他学会了从不同的角度来看待问题，通过调整自己对事物的认知，从而改变情绪和行为。

● **自我效能感** 随着自我管理能力的提高和个人品德的提升，曾国藩的自我效能感也不断增强。自我效能感是指个体对自己完成某项任务的能力的信念。例如，如果一个人相信自己能够通过努力学习而掌握一门新语言，这种信念会促使他采取必要的学习行动，并在遇到难题时不轻易放弃。相反，如果一个人认为自己无法学好这门语言，那么即使在资源和机会都充足的情况下，他也可能不愿尝试或很快就放弃。

当下对曾国藩的评价有两极分化的趋势。讨厌他的人会用"曾剃头"来进行攻击，说他手段残忍，多次发动屠杀；还有人拿他写日记开涮，说什么"正经人谁写日记""日记都是给别人看的"；等等。推崇他的人说他是"半个圣人""晚清第一名臣"。孔子说："君子不以言举人，不以人废言。"大意是不能因为某人有不足的地方，就对他进行全盘否定。曾国藩确实有恶行，但不代表他没有善言。就像一个足球运动员，他的生活作风有问题，不代表球技不行，这是两个问题。

总体来说，曾国藩的方法对我们很有借鉴意义。想要成为情绪稳定的人，首先要完成认知重构，不能给自己贴负面标签，比如"我的脾气就是这样""我就是喜欢生气""我改不了""我就是喜欢哭"等，而是要不断告诉自己："我可以控制自己的情绪。"这样做可以从根本上改变认知模式，在成功控制情绪之后，这种正反馈会不断加强。

接下来要设立一个反馈机制，就像曾国藩写日记一样。每当成功克服了一次情绪波动或控制了一次脾气，都要花时间反思和总结。认识到自己在情绪管理方面的进步，这也是避免自我设限的一个重要步骤。当然，情绪稳定不代表有负面情绪就要憋在心里，抑制或否认自己的真实感受不仅对心理健康有害，长期积累还可能导致更严重的心理问题。在该发泄的时候，一定要把情绪表现出来，让对方知道你此刻的感受。

最后，愿我们每个人都能够保持情绪稳定，成为自己和他人生命中的一束光。

第六节

善败者不亡
《汉书》——逆商比情商更重要

成功"猴"士

有一只猴子，买股票赚了很多钱，成了森林里的成功"猴"士。其他动物听说之后，都去找猴子"取经"。猴子告诉它们：我每天都要工作 16 个小时，早中晚各吃一根香蕉；我晚上不洗脚，而是早上出门前洗，因为这样可以让我足下生辉；每次买股票之前，我都要焚香祷告，求孙大圣保佑。动物们都开始模仿，可很长时间过去了，没有一只动物能够复制猴子的成功，反而有很多动物因为长期吃香蕉导致营养不良。猴子又告诉大家，其实成功还有其他秘诀，你们报我的培训班就可以学到。于是，动物们踊跃报名，猴子又大赚了一笔。后来，据说它还成了畅销书作家。

森林里还有一间木屋，屋主人养了一笼鸽子。这些鸽子行为怪异，有的喜欢在角落里转圈圈，有的喜欢在特定的时间发出叫声，还有的喜欢在笼子里来回踱步。如果仔细观察，会发现它们的行动轨迹正好是一个"S"形。更奇怪的是，每次鸽子做出这些举动时，主人就会准时投下食物。如果你去问屋主人，他会这样告诉你："这些鸽子正在祈祷，而我就是神明。"

猴子的成功靠的是运气，而其他动物却误以为它有什么秘诀。鸽子的食物来自主人，而它们却误以为是靠自己特异的祈祷。很多时候，人类也一样。我们总是在寻找成功的捷径，却忽略了最重要的一点——成功往往伴随着不确定性和随机性，是天时、地利、人和的统一。

正如那只猴子和屋主人的鸽子所展示的，我们往往误将偶然事件视为因果关系，从而赋予某些特定行为过多的意义。这种现象在心理学中被称为"超级自然行为"，即在没有明确因果关系的情况下，通过重复某种行为来试图控制结果。

猴子的故事告诉我们，真正的成功很难被复制，因为它往往依赖于众多因素的复杂交织，包括时机、个人能力、外部环境等。而且，即便是成功者本人，有时也无法准确指出是哪一点或哪几点导致了他们的成功。他们可能只是在正确的时间，做了某个看似无关紧要的决定，却意外地获得了巨大的成功。

而那些鸽子的故事，则阐释了人们对"因果关系"的误解。在很多情况下，我们都在尝试通过自己的行为来控制结果，却不知道真正的控制因素在于外部环境，而不是行为本身。这种误解可能导致我们在错误的道路上越走越远，忽略了真正应该关注和努力的方向。

成功是复杂多变的，没有固定的模式可以跟随。辛弃疾说："叹人生，不如意事，十常八九。"失败才是生活的常态。不是因为它是命运的残酷安排，而是因为它是我们成长与学习过程中不可或缺的一环。在这个过程中，我们不断地尝试、探索、修正，然后再尝试，每一次失败都是对我们能力、理解力和心智的一次考验，也是对我们韧性和决心的一次锻炼。

常败将军

与曹操、孙权相比，刘备是最惨的。曹操虽然是"宦官之后"，但自幼熟读兵书，父亲曹嵩先后担任司隶校尉、鸿胪卿、大司农，最后官至太尉，位列三公，位高权重。黄巾起义爆发后，曹操官拜骑都尉，率军围剿黄巾军，之后就调任济南国国相，平步青云。之后又"挟天子以令诸侯"，自封丞相，名正言顺。

孙权的父亲孙坚、哥哥孙策两代人励精图治，共同经营江东数十年。孙坚剿灭过黄巾军，讨伐过董卓，驱逐过吕布，官拜破虏将军。孙策人称"江东小霸王"，授骑都尉、会稽太守，被封为吴侯，与江东豪族名士周瑜等人交好，深得民众拥护，创立下江东基业。到孙权掌舵时，东吴的人心和地盘都已经十分稳固：内有张昭周瑜，外有长江天险。所以，孙权的角色更像是"CEO"，只需要把自家企业经营好便可。

反观刘备，只能通过自称"中山靖王之后"来给自己的行为寻找合法性。中山靖王是汉景帝的第九个儿子，汉武帝的哥哥，一生喜好酒色，荒淫无度，光是子孙就有120多人。即使刘备说的是真的，传到他这一代时，后人少说也有上万人。但导致刘备以"织席贩履"为生还有一个很重要的原因：汉武帝时为了削弱诸侯王，实行"推恩令"。简单来说，就是在诸侯王去世后，必须把土地分给前三个儿子，致使王国的土地越分越小。到最后，这些王室后代已经和普通人没什么区别了。

可是，刘备虽然生活贫苦，却很有志气。他家门前有一棵桑树，高达五丈，从远处看就像车盖一样。刘备曾指着桑树对其他孩子说："我以后一定会乘坐这样的羽葆盖车（也就是皇帝专用座驾）。"刘备的叔父刘子敬听到后，严厉地斥责他说："不要乱说话，小心我们被抄家灭族。"

刘备白手起家，想要在乱世中分一杯羹，和曹操、孙权、袁绍、袁术这样割据一方的豪强逐鹿天下，失败几乎是注定的。黄巾起义爆发后，刘备拉着关羽和张飞，组织起一支队伍想要建功立业，却身负重伤，靠装死才躲过一劫。凭借这次战功，刘备做了安喜县尉，但没过多久就因为鞭打督邮弃官而逃，经历了第二次失败。

不久，督尉毋丘毅募兵，刘备前去投奔，做了高唐县令。没想到贼兵打来，县城失守，刘备只能转而投奔公孙瓒，这是他第三次失败。在公孙瓒手下，刘备一干就是 6 年。之后，曹操领兵攻打徐州，刘备带兵支援，打退曹军，接任了陶谦的徐州牧，终于算是有了自己的地盘，成了割据一方的诸侯。

可好景不长，下邳之战，吕布夺取徐州，刘备的妻儿老小全部被掳，刘备只能再次逃亡，这是他第四次失败。到小沛之后，刘备又募集了一万多士兵。可惜刚好起来，吕布再次拍马赶到，刘备再败，好不容易团聚的一家子又一次失散，刘备无奈只身一人投奔曹操，这是他第五次失败。

之后，刘备想尽办法回到小沛，起兵反曹。徐州众郡县云集响应，聚集起数万人，可惜很快又被曹操击溃。这一次，不光是老婆被俘，连二弟关羽也入了曹营。这是刘备的第六次失败，也是他人生中的至暗时刻。这一年，刘备已经 38 岁，眼看就要"奔四"了。

刘备抬眼四望，拼搏了几十年，换了几任老板，不仅一无所成，就连家也没了。然而，这个中年人却越挫越勇，又投了袁绍，重新拉起队伍。关羽也从曹营回归，准备与大哥重整旗鼓。没想到，这次仍然以战败告终，这是刘备的第七次失败。

髀肉复生

再之后，刘备投靠了荆州刘表，做了个小小的新野县令。一待又是几年，日子逐渐安逸起来。一次和刘表喝酒时，刘备中途起身如厕，无意间摸到了大腿上的赘肉，忽然悲从中来，潸然泪下。这一年，他已经年近天命。孔子说："五十而知天命。"所谓天命，就是知道自己有几斤几两，这辈子能做什么，不能做什么。刘备常年骑马征战，身不离鞍，大腿上的肉精壮结实。可如今年近半百，光阴虚度，肥肉又不知不觉长了出来。在那一刻，刘备心中涌起了一股深深的无力感：日月蹉跎，人已将老而功业未建，难道我刘备就要老死在这小小的新野县，难道我的志向和抱负今生都无法实现，难道我真的没有成为帝王的命吗？

那一刻的刘备仿佛置身于人生的十字路口。回首往昔，他七次大败，七次重整旗鼓，坚信自己能够逆天改命。然而，随着年华老去，昔日那份熊熊燃烧的斗志似乎也在逐渐熄灭。眼前的赘肉，不仅是身体的变化，更是对刘备心中理想与现实巨大落差的无声嘲讽。

然而，就在这样的低谷之中，刘备的内心深处仍旧闪烁着一线希望的光芒。他明白，尽管时间不可逆转，但人的意志和信念却能够跨越时间的束缚。终于，在遇到诸葛亮后，刘备的人生彻底迎来转机，最终完成了创立蜀国、三分天下的壮举。

辛弃疾在《水龙吟·登建康赏心亭》中写道："求田问舍，怕应羞见，刘郎才气！"意思是只为自己购置田地房产的许汜，遇见才气双全的刘备怕是会无地自容。只有真正经历过人生的低谷，被生活"毒打"无数次之后，才能真正读懂刘备、看懂刘备，进而共情刘备，并在他身上找到继续前进的力量。刘备为什么能够锲而不舍呢？因为他有明确的目标，有不达目的不罢休的韧性。

兵法中常说："胜败乃兵家常事，善败者不亡。"在历史的长河中，胜败交织成无数英雄的悲欢离合，而那些能够从败绩中吸取教训、不断自我提升的智者，往往能够开创属于自己的新天地。善于败者，不仅能够坦然面对失利的痛苦，更能在挫折中找到成长的机会。他们知道，每一次失败都是通往成功的必经之路。

在个人的成长道路上，善败者更是能够将失败转化为推动自我不断前进的动力。他们懂得，人生不可能一帆风顺，每一个低谷都是对自我的考验，每一次失败都是一次成长的机会。正如叔本华所说的那样："所有的快乐，其本质都是否定的，而痛苦的本质却是肯定的。"

失败并不可怕，可怕的是失败后的一蹶不振。与君共勉，愿我们都成为"善败者"。

第七节

胜人者有力，自胜者强
《道德经》——跳出攀比"怪圈"

我有个同事，很喜欢和别人攀比。每次见面他都会说：谁谁谁在北京买房了，某某某又买了一辆新车。看到别人有的东西，只要自己能买的就一定要买回来。印象最深的一次是，我买了一个键盘，他看到之后问我要了链接，没过几天也买了一个。我问他："你平时又不用键盘，买来做什么？"他说："单纯想要，没有原因。"有时候，他还会攒钱买奢侈品，如 LV 的皮带。为此穿衣服时总要选短款，以露出大大的"LV"标志，似乎这样就成了"人上人"。

攀比的底层逻辑

生活中这样的人并不少见。这种行为本质上是内心缺乏安全感和自我价值感缺失的表现。他们试图通过获取与他人相同甚至更好的物品，提升自己的社会地位和自我认同感，从而拂去内心的空虚和不安。

攀比的底层逻辑是什么呢？心理学家阿德勒指出，人的行为和目标受到个体心理的驱动，而追求优越是人的一种本能需求。让我们把问题再深入一步，从进化的角度来看一看。

理查德·道金斯在《自私的基因》中提出，从进化的角度看，个体生物的行为和特征，包括它们的社会行为和生理特征，都是为了最大化其基因在基因库中的代表性。换句话说，生物的行为和演化策略，本质上都是为了确保其基因能够被有效地传递给下一代。

在这个框架下，生物通过各种手段来提高生存和繁殖的成功率，包括发展出复杂的社会结构、行为策略以及身体特征，以应对环境的挑战和竞争。例如，在黑猩猩群体中，雄性黑猩猩会通过展示力量和优越性来争夺领导地位和支配权。这种社会地位的竞争直接关系到其生存和繁衍后代的能力。在通常情况下，只有那些强壮的黑猩猩才能将基因延续下去，而那些弱小者的基因则会被淘汰。

早期人类社会同样如此。在资源有限的条件下，个体之间必须竞争以获得生存和繁衍的机会。那些能够获得更多资源、拥有更高社会地位的个体，更有可能生存下来，并且能为后代提供更好的生存条件，从而增加其基因传递到下一代的概率。因此，追求优越和提升个体在群体中的地位就成了一种本能需求。

在自然选择的过程中，那些具有竞争优势、能够有效获取资源和伴侣的个体更有可能成功地生存和繁衍。这种生物学上的竞争机制导致了一种深植于我们基因中的驱动力：追求更好的生活条件、更高的社会地位和更大的影响力，以提高我们在群体中的竞争力和吸引力。

即便到了现代社会，这种追求优越的需求也没有消失，而是转变成了对财富、权力、知识和其他社会资源的追求。虽然今天我们不再像远古人类那样直接为了食物和安全而争斗，但是对社会地位、经济成功和个人成就的追求仍然受到进化心理的影响。换句话说，攀比就是为了获得生存优势。更准确地说，人类的本能会告诉你，攀比就可以获得生存优势。但事实却不是这样。

石崇斗富

在很多情况下，攀比都无法带来生存优势，反而会带来灾祸。

西晋时，石崇任荆州刺史，靠抢劫客商完成原始积累。之后进京到处行贿，做了大官，生活十分奢侈。为了炫耀自己的财富，石崇把自己家的厕所装饰得华美绝伦，还配备了价格昂贵的香水、香膏，常年安排十几个妙龄侍女站成两排，服侍客人如厕，为上过厕所的人更换新衣服。

晋武帝的舅父名叫王恺，生活也很奢靡。对于石崇的炫富行为，王恺很不服气，决定和他比一比，于是吃完饭后让人用糖水刷锅。在晋代，糖还是稀罕物，价格十分昂贵。石崇一看，就让人用蜡烧火做饭。王恺不服，让人做了四十里的紫丝布步障。石崇一看，就让人做了五十里的锦步障。王恺用赤石脂粉涂墙壁，石崇就用花椒刷墙。

王恺一看斗不过，就找晋武帝帮忙，得了一件二尺来高的珊瑚树，自认为世上罕见，拿去向石崇炫耀。没想到，石崇直接把珊瑚树给砸了，命令手下把家里的珊瑚树全都拿出来。王恺一看傻了眼，只见这些珊瑚树最低的也有三尺，棵棵光彩夺目，"恺悦然自失矣"。这件事奠定了石崇"首富"的地位，却没能拯救他的命运。

永康元年（300年），赵王司马伦发动政变诛杀贾后，石崇也因此事受到牵连被免官。石崇有个叫绿珠的宠妾，美貌绝伦，能歌善舞。司马伦的党羽孙秀垂涎美色，派使者到石崇家里索要。石崇叫出来十几个姬妾，各个国色天香，让使者随意挑选，使者却只要绿珠。石崇勃然大怒说："绿珠是我的爱妾，不可能交给你。"使者悻悻而去。

石崇因为这件事惹怒了孙秀，没几天士兵就前来抓人。石崇对绿珠说："我有今天的下场都是因为你。"绿珠哭着说："当效死于官前。"说完从楼上纵身一跃，顷刻香消玉殒。到了这时，石崇还以为自己只会被流放，直到被囚车押往东市斩首时才恍然大悟，叹息道："这些人全都是为了我的家产啊！"押解的差人说："你既然知道，为什么不早早散尽家财呢？"石崇无言以对，最终一家十五口，不分老幼全部遇害。

老话常说"财不外露"，就是这个道理。

跨越"攀比"

法国思想家帕斯卡说："人是一枝有思想的芦苇。"人类之所以能够在自然界中占据特殊的地位，正是因为拥有了思考、理解和创新的能力。这种能力使得人类不仅能够适应环境，而且能够改造环境，创造出先进的技术和辉煌的文明。

人类用上万年的时间发明工具和创造文明的过程，实际上是一系列试图摆脱自然限制和动物性的努力。早期对石器、火的使用，到后来产生农业革命、工业革命，以及现代科技和信息技术的飞速发展，每一步都显著地提升了人类对自然界的掌控能力，同时也塑造了人类社会的复杂性和多样性。

攀比受本能驱使，如果我们只遵从动物本性去做事，那和动物有什么区别呢？

叔本华在《人生的智慧》中说："只需要稍微留心观察一下就会得知，人类的幸福有两大劲敌，那就是痛苦和无聊。""人生就像钟摆，总是徘徊在痛苦和无聊之间。""生活的贫困和不顺会让人痛苦；生活得太惬意，又会心生无聊。"

你有没有这样的经验？无意间看到心仪的商品时，心中会涌起一股冲动，想要通过购买来获得满足感，这种心理用时下流行的说法叫"种草"。在"种草"阶段，我们一有时间就会不断浏览商品的相关信息、观看测评、查看商品评价，令心中的那根"草"越长越高，直至变成一棵摇摆不定的大树，占据所有心神。社交媒体平台上的一句推荐语、一段测评视频，甚至是朋友圈里的一张晒图，都有可能成为推动我们走向"拔草"的最后一根稻草。

可是，当包裹送达，打开那一刻的兴奋过后，不少人会发现，所谓的"满足感"远没有想象中的持久和深刻，甚至只能维持短短几天。随之而来的是对于冲动购买的后悔、对于乱花钱的懊恼和欲望满足之后的空虚感。空虚—购买—空虚—购买，人生似乎陷入了这样的怪圈。

这个过程就是叔本华所说的"钟摆"。欲望满足之前是痛苦的，欲望满足之后是空虚的，而欲望似乎是无穷无尽的。"一个人离痛苦越远，便离无聊越近；离痛苦越近，离无聊越远。"只有摆脱"钟摆"，人生才能真正获得幸福。

而事实上，对于物质的追求是无止境的。换句话说，攀比是没有尽头的。就像杨绛说的："无论人生上到哪一层台阶，阶下有人在仰望你，阶上有人在俯视你，你抬头自卑，低头自得，唯有平视，才能看见真实的自己。"这正是跳出"怪圈"最好的办法。

《道德经》中写道："胜人者有力，自胜者强。"能够不断战胜自己的人，才是真正的强者。这背后的逻辑是：一个不断战胜自己的人，意味着他的能力在不断增长，意味着他把昨天的自己作为目标，而不是与他人比较。这样的人，他们的生活不是在别人的评价和标准下挣扎，而是在自我设定的目标和期望中不断前进和提升。他们认识到，唯一可以比较的是自己的过去和现在，只有通过不断的自我超越，才能够实现个人的成长和进步。

不断战胜自己的人成就了一个更加完整的自我，他们的生活不再轻易受外界的影响，因为他们知道，真正的幸福和满足来自自我成就感，而这种感觉只有通过不断的自我挑战和自我超越才能获得。

愿我们都能成为自己生命的主宰，以坚定的步伐跳出攀比"怪圈"，走向更加广阔的人生。

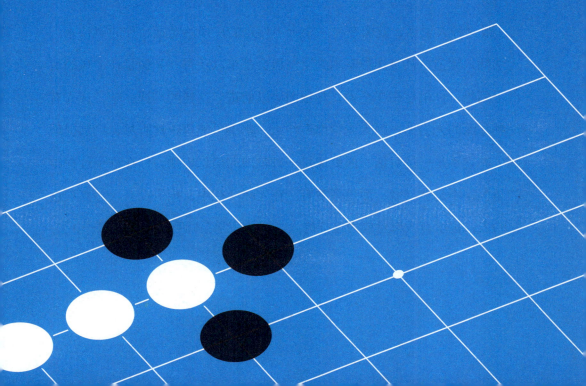

第五章

沟通有术，沟通是门艺术

第一节

无多言，多言多败
《孔子家语》——学会倾听是沟通的第一步

你身边有没有这样的人：他们说起话来喋喋不休，仿佛永远都是自己的独角戏，而旁人的声音仅仅是背景音。在他们的世界里，似乎只有自己的观点和想法才是重要的，别人的意见和感受往往被忽略或是轻视。你说话时，他们会随意打断，常用句式是"我认为""我觉得""你说得不对""听我说"等。既没有耐心，也没有礼貌。

跟这种人说话，就像在和一个永不停息的广播站对话，你的声音永远无法插入频道，甚至连最基本的反馈机会都难以获得。又像是在逆风的海面上划船，你虽然用尽全力，却依旧难以前进。这样的沟通体验，让人有一种深深的无力感，因为无论你说什么，都不可能真正被听见，更别提理解了。它不是一场对话，而更像是一种单向的信息传播，你在这个过程中的角色，不是参与者，而是旁观者。在人际交往中，相信没有人会喜欢这样的人，也没有人愿意成为这样的人。因此，学会倾听是沟通的第一步。

三缄其口

那么，怎样成为一个好的倾听者呢？

人天生具有自我中心的倾向，更倾向于关注自己的想法、情感和需求，而不是他人的。这导致在对话中，人们更愿意谈论自己而不是倾听他人。倾听是一个认知密集型的活动，需要高度的注意力和认知资源来处理信息。相比之下，表达自己的观点和感受需要较少的认知努力。因此，在认知资源有限的情况下，人们更倾向于选择说话而不是倾听。还有一个很重要的原因，那就是人们可以从分享自己的经历和观点中获得社交回报，如认可、赞赏和连接感。这种回报往往比从倾听中获得的回报更直接和明显，这也导致人们更喜欢讲述而非倾听。了解了这些原因，我们就能得出一个结论：那些善于倾听的人，不是因为他们的表达欲弱，而是刻意压制想要表达的冲动。

我们再换个角度想一想这个问题。人与人之间是需要与被需要的关系，每个人都有表达的欲望，都想要别人倾听。那如果我们成为合格的倾听者，是不是就意味着"被人需要"？是不是就能在人际交往中获得更多的认可和尊重？答案是肯定的。在人际交往中，能够给予别人耳朵的人，往往被视为具有同理心、理解力和支持力，这些特质使他们能够在社交圈中变得更加受欢迎。仔细想一想，你身边那些"社交达人"，是不是都很擅长倾听？倾听会让对方觉得自己是被在乎的。

卡耐基曾讲过一个故事。有一次，纽约的一家电话公司遇到一位蛮不

166

讲理、出口成"脏"的客人，他声称账单有问题，用极其难听的话把话务员狠狠骂了一通，并表示要把这件事曝光到媒体上。从那之后，客人就开始不断投诉公司。

终于，公司找来了一位资深调解员解决问题。调解员到顾客家登门拜访，很简单就解决了问题。后来，他在员工培训会上描述了当时的场景：

"他一直不停地口出狂言，声音特别大，说了几乎三个小时，我从头到尾安静地倾听。过了几天，我又去拜访了他，继续听他的那些牢骚。之后，我又去了两次。每一次拜访，我都安静地倾听他抱怨并报以同情。毫无疑问，表面上，这个顾客的努力是为了维护公众利益；实际上，他最需要的不过是自重感。"

言多必失

有时候，学会倾听还能避免出现说多错多的问题。

宋真宗时，有个叫钱易的人，出身钱氏宗室。钱氏是五代吴越国的王族，曾配合宋军攻打过南唐。宋朝建立之后，钱俶主动献出吴越国十三州归降，被封为邓王，族人也都连带着被封了官，只有钱易兄弟被排除在外。

钱易愤愤不平。他自幼读书，才思敏捷，学识渊博，决定自己考取功名。他17岁时顺利通过会试，堪称天才。到殿试时，真宗出了三道题，钱易为了表现自己的才学，不到半天就答完了。他本以为自己就算中不了三甲，金榜题名也绝对绰绰有余。没想到，真宗向来讨厌轻浮的人，给他定了个"轻俊"就打发了。他不仅殿试没过，就连进士资格也被剥夺了。

几年后，钱易再次参加会试，考了个第二名。他认为以自己的才学应该名列榜首，一定是主考官暗箱操作，于是上书朝廷讥讽朝政。真宗看后大为不悦，又把他降到了第三名。就这样，钱易为自己的"言多"付出了代价。

同样喜欢"言多"的还有柳永。柳永第一次科举失利时写了一首词，里面有"富贵岂由人，时会高志须酬"的句子。第二次科举又失利，便写了"忍把浮名，换了浅斟低唱"来发牢骚。三年后，他再次参加科举，终于成功考上了。可是，仁宗在圈点放榜时看到了柳永的名字，想起了"忍把浮名，换了浅斟低唱"两句，便把他的名字划掉说："既然不喜欢浮名，这个进士不要也罢。"从此之后，柳永便自称"奉旨填词"，直到暮年才及第。

古人说："君子三缄其口。"意思是君子要学会控制自己的言语，避免无谓的争执和麻烦。我们把它用在这里，是为了时刻提醒自己少说多听，避免出现言多必失的情况。

被误解是表达者的宿命，这一现象在人际沟通中尤为常见。在交流的过程中，即便言者无心，听者往往也会有意，将自己的情绪、预期和理解投射到所听到的话语之中，从而产生误解。产生这种情况的原因复杂多样，涉及语言的多义性、个体的心理状态、双方的关系动态等多个层面。

很多时候，你认为自己说的话没有问题，可能是因为你从自己的角度出发，考虑问题时基于自己的经验、知识和情绪状态。而听者在解读这些话语时，会根据自己的背景、情绪和期望进行理解，这样就容易产生偏差。此外，人们在沟通时往往忽略了非言语信号的作用，如语气、表情和肢体动作，这些都可能对信息的传递和接收产生影响。这也是需要少说话、多倾听的一个重要原因。

倾听的技巧

倾听不是在被动地接收信息，而是要积极地融入对方的情感世界，表达对他们的理解和关心。这种互动让人感到被尊重和被重视，从而有助于双方建立起深厚的信任和亲密感。

在此过程中，我们所获得的不仅仅是"被需要"的满足感，还有更深层次的人际联系和归属感。当人们感觉到自己被真正理解和接纳时，他们更愿意开放自己，分享更多的想法和感受。这种深度交流是人际关系中不可或缺的纽带，它能够加深相互之间的了解，促进情感的交流。

倾听时的神态和非言语行为，对于建立良好的沟通环境至关重要。这不仅能够传达出对对方话语的尊重和重视，还能有效促进对话的进行。

● **保持眼神交流**：适当的眼神接触能显示出你对对话的投入度和兴趣。过分回避眼神可能会被理解为不感兴趣或不尊重。

● **点头和面部表情**：适时地点头和面部表情（如微笑），可以让对方感受到被理解和接受，从而增强沟通的积极性。

● **身体语言**：保持开放的身体姿态，如身体微微前倾、双手自然摆放，避免交叉双臂（代表抗拒）或做出封闭的姿态（代表反对），这些都能传达出你对对方的接受和欢迎态度。

● **避免打断**：在对方讲话时，尽量不要打断，即使你有想法或反对意见，也应等对方讲完后再提出。打断别人会给人不尊重或不耐烦的感觉。

● **反馈和澄清**：在适当的时候给予口头反馈，比如"我明白你的意思是……""你的意思是不是说……"，这样可以帮助自己确认是否正确理解了对方的意图，同时也能让对方知道自己的话已被倾听和理解。

● **保持专注**：避免在对方讲话时分心做其他事，如玩手机、四处张望等，这会让人感到你不在乎对方所说的内容。

● **给予积极反馈**：在听别人说话时，如果只用"嗯"或者"哦"之类的词语回应，会给人一种很敷衍的感觉。不妨改成更加积极的用语，比如"真的吗""我都不知道""你在研究某某方面的内容吗"等，这会给人受到重视的感觉。

伏尔泰说："耳朵是通往心灵的窗户。"无论是想要更加深入地了解一个人，还是想要建立亲密、稳定的关系，倾听都是最好的方式。西方有一句谚语：上天给了每个人两只耳朵，却只给了一张嘴，就是为了让我们多听少说。

愿每个人都拥有一双安静聆听的耳朵，以开放的心态去接纳不同的声音，赋予他人发声的机会，在安静的倾听中获得内心的平静与成长。

第二节

终日言不失其类，故事不乱
《鬼谷子》——灵活选择策略

《搜神记》里有个很有意思的小故事。南阳的宋定伯年轻时走夜路，碰到一个人。宋定伯问是谁，那人说自己是鬼。宋定伯吓了一跳，但很快镇定下来，说自己也是鬼。鬼问他去哪，宋定伯说去宛市。鬼说自己也去宛市，邀宋定伯一起前去。

一人一鬼走了几里路后，鬼说："这样走太慢了，咱们互相换着背对方走怎么样？"宋定伯说："这样也好。"鬼先背宋定伯，发现他很重，就问道："你怎么这么重，难道不是鬼？"宋定伯说："我是新鬼，还没有变轻。"鬼相信了他，就继续前进了。这样换着背了几次，宋定伯问鬼："我新死，还不知道鬼怕什么呢。"鬼告诉他："咱们鬼最怕唾沫。"

往前走了一段，一人一鬼碰到一条河。宋定伯让鬼先过，鬼轻飘飘过去了，一点声音也没有。宋定伯过河时，却激起无数水花，水声哗哗。鬼起了疑心，问他怎么回事。宋定伯说："新鬼就是这样。"

眼看着就要到宛市了，宋定伯赶紧把鬼抓了起来。鬼吓得大声求饶，宋定伯根本不理，抓着它到了集市。鬼急中生智，变成一头羊。宋定伯哈哈一笑，恐其变化，一口唾沫吐在它身上，把它卖了一千五百文。

这个故事里的宋定伯，就是典型的"见人说人话，见鬼说鬼话"，能够根据情况的不同，灵活选择说话的方式和策略。

游说六国

战国时期也有个"宋定伯"，而且比宋定伯的本事还大，这个人就是苏秦。苏秦出身平民，早年曾经和张仪一起拜鬼谷子为师，学了一肚子纵横捭阖的学问，想要在乱世中大展拳脚、封王拜相，可惜一直没有机会。

他在外游历多年，一事无成，人也"形容枯槁，面目黧黑"，只好回家。苏秦回乡后穷困潦倒，钱没赚到，农活也不会干，在家人眼里成了游手好闲的"废物"。妻子不理他，父母埋怨他。尤其是嫂子，整天对他冷嘲热讽，还不给他做饭。苏秦感到十分惭愧，却不甘心一辈子做个面朝黄土背朝天的农民，于是关起门来苦心钻研，终于揣摩出一套合纵之术。

当时"战国七雄"的格局已经形成，秦国最强，四处征伐，其他诸侯国无力抗衡。苏秦的想法是，让其他六国联合起来共同抵御秦国。秦国进攻任何一个国家时，其他五国都要共同出兵，谁要是违背盟约，其他国家就一起讨伐。这样一来，六国就成了铁板一块，秦人难以踏出函谷关一步。因为秦国处在西面，在东面其他六国南北相连，所以叫"合纵"。

公元前334年，苏秦再次离开家乡，开始兜售自己的"合纵"之术。他来到当时最弱的燕国。由于国家贫弱，燕王整天想的都是如何自保，根本没有争霸天下的雄心。所以，苏秦对症下药，问燕王道："你知道燕国为什么不受战争之苦吗？"燕王说："不知道。"苏秦说："因为燕国和秦国之间还有个强大的赵国，秦国想要过来，必须先通过赵国。所以，我的建议是和赵国搞好关系，共同对抗秦国。"燕王大喜，命人准备车马，把苏秦送到了赵国。

就这样，通过燕国这个跳板，苏秦获得了燕王的背书，有了"燕王使者"这个正式身份，不再是一介白丁了。赵国是当时军事实力仅次于秦国的大国。见到赵王之后，苏秦又改了一套说辞。他说："赵国实力强大，是秦王的眼中钉肉中刺。秦国之所以不敢进攻赵国，一是忌惮，二是担心韩、魏两国趁机偷袭。一旦秦国吞并韩、魏，赵国就危险了。所以，依我之见，不如联合其他五个诸侯国，共同对抗秦国。"赵王大喜，封苏秦做了相国，赐宝物无数，让他继续游说其他几个国家。

之后，苏秦又来到韩国。韩宣王性格懦弱，经常割地给秦国。苏秦就对他说："韩国国土有限，而秦国的贪欲无限。今天割一城，明天割一地，早晚要被秦国吞并，不如和赵国结盟，共同对抗秦国。"韩宣王大喜，他需要的就是一个强有力的靠山，而苏秦就是代表赵国来的，两人一拍即合。

接着，苏秦又来到魏国。见到魏襄王之后，他先是把对方吹捧了一番："大王的国土纵横千里，经济富庶，人口稠密，军队强大，国力与楚国不相上下。"魏襄王很高兴，连连点头。没想到苏秦话锋一转，接着说："以这样强大的国力，却心甘情愿归顺秦国，甘愿成为属国，我都替大王惭愧。当年越王勾践三千越甲可吞吴，周武王三千士兵便推翻了商纣，大王您呢？却跟着秦国为虎作伥，四处侵害其他国家，到最后，大王以为秦国会放过魏国吗？"魏襄王大受震撼，同意了苏秦的合纵策略。

楚国是当时首屈一指的大国。见楚威王时，苏秦采用了三步走的策略。第一步，吹捧国力；第二步，条分缕析，讲明不"合纵"的后果；第三步，诱之以利，说明"合纵"之后的好处：楚国国力最强，其他几个诸侯国必然马首是瞻，如此楚国就是新的天下霸主。

苏秦凭借三寸不烂之舌，又说服齐国，完成了"合纵"六国的目标，成功返回赵国。数日后，六国正式结盟。苏秦被任命为从约长，同时担任六国国相，佩六国相印，成功逆袭。

沟通有术

苏秦的成功并非偶然，而是基于对各国政治格局深入的理解和精湛的话术技巧。兵法讲求"知己知彼，百战不殆"。在游说之前，苏秦做了大量功课，对各国的政治、军事、经济情况进行了深入的研究和分析。这使得他能够针对每个国家的具体情况，提出符合其国家利益的合纵策略。比如，游说魏襄王时，苏秦就说"（魏国）南边有鸿沟、陈地、汝南、许地、鄢地、昆阳、召陵、舞阳、新郪，东边有淮河、颍河、煮枣、无疏，西边有长城为界，北边有河外、卷地、衍地、酸枣"；游说楚国时，苏秦说"（楚国）带甲百万，车千乘，骑万匹，粟支十年"。这些都是非常具体的资料。

根据各诸侯的性格特点和所处的政治环境，苏秦巧妙调整自己的说辞，灵活运用策略，运用利益诱导和风险提示相结合的策略，既展示合纵联盟的好处，又不忘提醒各国如果不加入联盟所面临的风险和威胁，从而激发各国的紧迫感和行动力。比如在燕国，他强调与赵国搞好关系，能够保平安；在赵国，他则突出赵国对抗秦国的核心地位；而在楚国，则强调楚国的霸主地位。在这样因势利导的劝说下，苏秦才最终促成六国同盟，实现了人生的"翻盘"。刘勰在《文心雕龙》中如此评价苏秦："苏秦历说壮而中。"强调了言辞的力量和重要性。

苏秦衣锦还乡后，"父母闻之，清宫除道，张乐设饮，郊迎三十里；妻侧目而视，倾耳而听；嫂蛇行匍伏，四拜自跪而谢"。苏秦问嫂子："你之前趾高气昂，现在怎么卑躬屈膝呢？"嫂子也不避讳，大大方方地说："因为你位高又多金。"苏秦感叹："贫穷则父母不子，富贵则亲戚畏惧。人生在世，权势和富贵真是好东西呀！"

鬼谷子曾说："言多类，事多变。故终日言不失其类，而事不乱；终日不变，而不失其主。"意思是游说的语言有很多种，事情也分不同种类。但是，不论怎么变，讲话的要点不能变。就像苏秦，沟通是为了达到目的，而有效沟通的秘诀在于始终围绕核心目标展开，不论情境如何变化。苏秦之所以能够取得这样的成就和地位，就在于他清晰地认识到了这一点。在游说六国时，虽然面对的国家不同，情境复杂多变，但他始终没有偏离"合纵"这一核心目标。通过精心设计的言辞和策略，他能够将各种不同的情况联系起来，指向同一个目的。这种适时调整策略、针对性强的沟通方式，正是有效沟通的精髓所在。

愿我们都像苏秦一样，心中有杆秤，嘴上"开出花"，成为谈判高手和沟通达人。

第三节

与智者言，依于博
《鬼谷子》——见人下菜碟

宋真宗时，辽国萧太后率领数十万大军南下入侵，一路攻城略地，深入宋境，进逼都城汴梁。朝野内外一片哗然，大多官员都劝真宗南下，把北方土地直接让给辽国。这时，寇准力排众议，拉着真宗御驾亲征，终于解除了这次危机。之后，寇准也因功成为宰相。

当时，朝中有个叫丁谓的人任副宰相。这个人平时就喜欢弄虚作假，阿谀奉承，靠揣摩上意一路升迁。寇准立了大功，又是上司，丁谓就对他毕恭毕敬，言听计从。有一次，官员们在一起吃饭。寇准胡子有点长，不小心落在了汤里，丁谓赶紧跑过去帮他把汤拂去。寇准最看不惯这样的人，于是笑着说："堂堂副宰相，国之大臣，就是为了给人拂须的？"在场众人哄堂大笑。丁谓闹了个"大红脸"，从此对寇准怀恨在心。这就是"溜须拍马"中"溜须"的由来。

真宗封禅

寇准之所以讨厌丁谓，不仅仅是因为丁谓的溜须拍马行为，更在于这种行为背后所反映出的价值观和工作态度问题。在寇准看来，一个国家的官员应当以国家和民众的利益为重，而不是仅仅通过阿谀奉承来谋求个人的地位和利益。

丁谓这样的人，在寇准看来就是"小丑"。因为寇准刚正不阿，一心为国，天生就对这种人"不感冒"。可是，在真宗眼中，丁谓却是知己。真宗被寇准"强拉"到前线之后，和辽国签订了著名的"澶渊之盟"：

辽、宋约为兄弟之国，宋每年送给辽岁币银 10 万两、绢 20 万匹，宋辽以白沟河为边界，互不侵犯。

签订这样的不平等条约本来是一件很耻辱的事，真宗却认为自己打了胜仗，十分自豪。直到有一天，大臣王钦若对他说："城下之盟，《春秋》耻之。澶渊之举，以万乘之尊而为城下盟，没有比这更耻辱的事情了！""城下之盟"是《春秋》里的典故，大意是在敌人兵临城下时被迫签订屈辱性盟约。这下真宗不高兴了，整天闷闷不乐，还罢了寇准的官。

其实，这都是王钦若设计好的，对于皇上丢的面子，他早就想到找补的办法了。不久后，王钦若上书建议真宗封禅。封禅就是祭拜天地，是一种很盛大的仪式，一般只有在太平盛世或者天降祥瑞时才会举行。宋代之前，只有秦始皇、汉武帝、东汉光武帝、唐高宗、唐玄宗举行过封禅大礼。王钦若这个提议实际上是把真宗摆在了和秦皇汉武同等的位置上，有点"不要脸"，却说到真宗心坎里去了。

可是，封禅需要有正当理由，不然肯定要被后人讽刺挖苦。前脚刚和辽国签了不平等条约，后脚就要封禅，用什么名义呢？这也难不倒王钦若，只要人为制造"祥瑞"不就好了吗？不久之后，在王钦若的安排下，各地百姓和官员纷纷献上"祥瑞"，前后竟然达 3000 多次。最夸张的是，就连神仙都送来了天书，藏在宫里牌匾的后面。"天意"难违，真宗只好"勉为其难"地答应了百官和百姓的请求，问丁谓："封禅要花很多钱，咱们的钱够吗？"丁谓拍着胸脯说："估计有余。"封禅的事才最终定下。就这样，王钦若"总导演"，真宗"主演"，百官"友情客串"，丁谓"出品"的《宋真宗封禅记》轰轰烈烈地上演了。

对于丁谓，真宗喜欢，寇准讨厌，这是因为两人的性格不同，所求不同。寇准求"真"，真宗求"虚"。由此可见，在和其他人谈话时，不仅要学会"看对象行事"，还要根据对方的性格、地位、习惯和价值观采用不同的策略。

鬼谷子沟通法

对于这一点，《鬼谷子》中有一段话总结道："与智者言，依于博；与拙者言，依于辨；与辨者言，依于要；与贵者言，依于势；与富者言，依于高；与贫者言，依于利；与贱者言，依于谦；与勇者言，依于敢；与过者言，依于锐。"

这段话的意思是，与智慧之人交流，应广泛涉猎。因为智者对世界有深刻的理解和见解，他们倾向于与那些能挑战他们思想、能带来新见解的人进行交流。同时，与智者的交流也是一个自我提升的机会。

与学识广博之人交谈，应依靠逻辑清晰的辩论，通过讨论推敲来吸引他们。学识广博的人往往享受思考过程，逻辑清晰的辩论能激发他们的思考欲望，促使他们更加积极地参与到讨论中，还可以表明你对他们知识和智慧的尊重。用逻辑和证据来支撑自己的观点，而不是仅仅依靠情感或权威，这种态度往往能够获得他们的尊重和认可。

与善于辩论之人交流，应聚焦于要点，避免冗长的论述导致话题偏离。比如，庄子和惠子是一对好友，两人在一起就经常"抬杠"。庄子说："你看鲦鱼在濠水中游得多么悠闲自得，多么快乐呀。"惠子说："你又不是鱼，怎么知道鱼是快乐的？"庄子答："你又不是我，怎么知道我不知道鱼的快乐？"惠子又说："我不是你，当然不知道你是否知道鱼的快乐。同理，你不是鱼，也无法知道鱼的快乐。"这样一直说下去的话，就没完没了了。

与地位高贵之人交谈，应展现自己的实力和地位，这样才能得到对方的尊重。地位高贵的人通常习惯于与同等级别的人交流，展现自己的实力和地位可以表明你是一个值得尊重的人，表明自己具有交换的价值。

与富有之人交流，应表现出超越物质追求的高尚情操，以区别于一般求财的人。我有一个朋友，家里有工厂、有房地产公司，身家不菲，平时却特别"抠"。尤其是和人相处时，不管做什么都要"AA"。他的口头禅是："别想占我一点便宜。"很多人认为，富人应该比普通人慷慨，其实不是。很多富人从小到大，身边都是想要占便宜的人，因此戒备心反而比普通人要重得多。因此，在和这类人交流时，一定不要抱着求财的心理。

与贫穷之人交谈，应考虑到他们对实际利益的关注，从而建立联系。

穷人更容易被利益打动，有时候你认为的蝇头小利，对于他们来说就是"泼天富贵"。比如《红楼梦》中的李姥姥，初次进大观园，王熙凤就给了她20两银子。以她的收入水平，恐怕很难赚到这笔钱。后来荣国府没落，贾母、王熙凤病故，就是刘姥姥站出来，救了王熙凤的女儿巧姐。施小恩，结善缘，就会"得道多助"，这也是古代富人为什么乐善好施的原因。

与社会地位较低之人交流，应保持谦逊，以平等的态度对待他们，这样才能赢得尊重。由于社会地位较低的个体在社会互动中往往得不到充分的尊重和认可，因此在受到平等对待时，他们就会产生强烈的积极情感反应。例如，假设你是宋朝的一个普通农民，生活在汴梁郊外，平日里以耕种为生。对于同一时代的文化巨匠苏轼，你虽有耳闻却未曾谋面。在一个偶然的机会下，当你携带着自家新鲜采摘的蔬果进城贩卖时，与苏轼不期而遇。他不仅未以文人的高傲对你，反而在你慌张欲行跪礼时，亲切地扶你起来，用和蔼的声音说："老乡，你这是做什么？我们都是天子脚下的百姓，何须如此？"这一举动，对于你这个农民来说，是意想不到的温暖。在那个等级森严的时代，高高在上的文人雅士往往与普通百姓保持距离。然而苏轼的平易近人，让你感受到了前所未有的尊重和平等。这次偶遇，成为你一生中难忘的记忆。苏轼有一句名言："吾上可以陪玉皇大帝，下可以陪卑田院乞儿……眼前见天下无一个不是好人。"凡是和苏轼交流过的人，都会说一句"没架子，好相处，不像个当官的"。苏轼落难时，很多人都主动过来帮忙。

与勇敢之人交谈，应勇于表达和行动，展示自己的勇气和决断，因为勇敢的人往往尊重和欣赏具有同样品质的人。勇敢不仅是身体上的无畏，更是心灵上的坚定和果敢。勇敢之人面对挑战不会退缩，对于困难和风险能够勇敢地正面应对，他们通常更倾向于与那些能够在思想和行动上展现出同样勇气的人建立联系。

与有过错的人交流，应使用直接明了的言辞，直指问题核心，促其改正，避免复杂的思维和表达，以免他听不懂。比如，可以这样说："这件事做得不对。记得，先这样，后这样，就这两步。"

《鬼谷子》这段话教给我们的，不仅是与不同类型之人交流的具体策略，更是灵活应变、因人而异的沟通智慧。这种智慧要求我们深入理解人性，善于观察和倾听，能够在任何情境下找到最佳的沟通方式，从而在复杂的人际关系中游刃有余。

第四节

卑不谋尊，疏不谋戚

《资治通鉴》——不该说的话不要说

前两天，同事板哥阴沉着脸走进办公室，一言不发地坐了整整一个上午，和平时欢脱的风格形成强烈对比。趁着吃饭的工夫，我问板哥怎么了，板哥没好气地说："跟媳妇吵架了，一晚上没睡好觉。"板哥是出了名的"妃耳朵"，对媳妇那是毕恭毕敬，言听计从。我连忙问："你们为啥吵架呀？"板哥说完，我才恍然大悟。

原来，前两天他的小舅子干了件挺缺德的事——招呼都没打就把板哥家的车开走了。第二天早上下大雨，板哥媳妇送孩子上学，发现车没了，着急忙慌一顿找，差点报警，孩子学也没上成。一直到中午，小舅子才把车送回来，撂下一句话就走了。两口子一肚子气，板哥媳妇在这边骂，板哥在那边当捧哏的，一句比一句难听。过了几天，板哥又想起这事，心里气不过，又骂了小舅子几句，两口子就吵开了。

我跟板哥说："这傻事我也干过，别看你媳妇骂得凶，两天就忘了。姐姐还是姐姐，弟弟还是弟弟。姐姐骂弟弟没事，你骂人家弟弟干什么？"

其实，板哥这是犯了人际交往中的大忌——疏不间亲。

如何回答"送命题"

战国时期，魏文侯想要挑选一个贤能的宰相，就召李克过来问："寡人想要置相，目前的人选有两个，一个是季成，另一个是翟黄，你觉得哪个合适？"

翟黄是魏文侯手下的大臣，恪尽职守，善于发现和举荐人才。名将吴起、治水的西门豹、太子的老师都是他举荐的。魏文侯进攻中山国时，领兵的大将乐羊也是他举荐的。攻下中山国之后，他又推荐李克辅佐治理。为了表彰翟黄的功绩，魏文侯赐给他一辆高级轩车，还允许他乘车自由出入王宫。翟黄一时间风光无两，成了魏国一人之下万人之上的大人物。季成是魏文侯的弟弟，也就是魏成子。

这个问题虽然简单，但是对李克来说却是"送命题"，比"我和你妈掉水里你救谁"更加"送命"。论功劳，他比不上翟黄；论关系，他比不上魏成子。更要命的是，他还是翟黄举荐的。如果李克选了翟黄，一是有可能被魏文侯认为结党营私，二是会得罪魏成子。如果他选了魏成子，一定会得罪翟黄，被认为是忘恩负义。

作为官场"老油子"，李克也知道这个道理，连忙站起来，惶恐地说："我听说卑不谋尊、疏不谋戚，我远在宫廷之外，这事不是我能说的。"

李克想要蒙混过关，魏文侯却严厉地说："你身当要职，这种事不能推让！"这是下了死命令，说也得说，不说也得说了。

即便如此，李克还是没有做二选一的回答，而是告诉魏文侯："想要看一个臣子是否贤明，只需要看五个方面的表现即可。一是考察他平时交往的人，二是看他富有时如何支配财富，三是看他显贵时举荐的人，四是看他困窘时操守如何，五是看他贫寒时贪不贪财。观察这五个方面就足可以选定丞相了，哪里要等我李克来议论呢？"

魏文侯听后摆摆手说："你回去吧，宰相的人选我已经有答案了。"

对于这道"送命题"，李克先是主动表明"卑不谋尊，疏不间亲"的态度，让魏文侯看到自己是个"懂规矩"的人。之后，他又把谈话的焦点从"选谁当丞相"，转移到了"选择丞相的标准"上，成功让自己避免了站队。最终，李克把决策的权力归还给魏文侯，既体现了对魏文侯的尊重，也避免了自己直接参与其中可能引起的政治风险，又不会让魏文侯觉得自己无能。

高孝瑜之死

李克做对了"送命题"，但很多人就没他这么应付自如了，北齐宗室大臣高孝瑜就是反面典型。高孝瑜是北齐神武帝高欢的孙子、文襄帝高澄的庶子，二叔就是文宣帝高洋。高孝瑜小时候生活在祖父高欢府中，和九叔高湛关系特别好。两人虽然辈分不同，但年龄相仿，整天在一起疯玩，属于亲密发小。

后来，高湛当了皇帝，对这位发小恩宠有加，时时刻刻想着他。高湛到晋阳出游，喝酒时想起高孝瑜，专门写了一份手谕说："吾饮汾清二杯，劝汝于邺酌两杯。"不过，这份关系很快就变了。

高湛有个宠臣叫和士开。和士开回家探亲，前脚刚走，后脚就被高湛召回。更离谱的是，高湛母亲去世时，他连丧服也不穿。官员劝谏，他说"九龙之母死后不挂孝"。不仅如此，他还穿着大红衣服，每天宴饮不断，十分荒唐。可是，和士开的母亲去世后，高湛却哭天抢地，专门从宫里派人去和士开家里轮流值班。更有甚者，他还让和士开与皇后对坐，玩握手的游戏。

这下高孝瑜看不下去了，上书进谏说："皇后是天下之母，怎么能和其他人随便握手呢？"高湛表面上"深纳之"，心里却很不满意：我们两口子的事，哪轮得到你一个外人插嘴？和士开也不高兴：你这么说，意思是我冒犯皇后，犯了"大不敬"之罪呗？皇后也不高兴：你高孝瑜只是个外臣，这么说话，意思是我有违体统，德不配位呗？皇后、和士开有没有吹"枕边风"，史书上没有记载，但想来应该没说什么好话。

后来，高孝瑜又进谏说："赵郡王高叡的父亲死于非命，千万不要和他亲近。"高叡是高欢的侄子，深受高湛信任，历任太尉、尚书令等要职。这一下，高孝瑜把他也得罪了。从此，高叡一有机会就在高湛面前挑拨离间，坏话说尽。

高孝瑜虽然喜欢到处举报别人，但自己的品行也不怎么样。他长期和宫里的一名侍女私通，太子结婚当天，他还在和那位侍女卿卿我我。这下高湛看不过去了，心里的闷气瞬间爆发，于是不断命令高孝瑜喝酒。高孝瑜一口气喝了３７杯，喝得"体至肥大，腰带十围"。之后，高湛又派人把他用车子载出皇宫，在路上逼他喝下毒酒。高孝瑜“烦热躁闷，投水而绝”。

高孝瑜之死，就是疏不谋戚者最真实的写照。他虽然和高湛是发小，但论关系的亲密程度，他不如和士开与皇后，论在朝中的地位和信任度，他不如高叡。而他自己也品行不端，这几点加起来，不用想也能知道高湛会怎么选。

生活和职场中也有很多这样的例子，无论是同事、亲人还是朋友，在产生人际关系冲突时，最好不要介入亲密关系中去。即使人家问了，也不要轻易参与。人家“吐槽”，也不要跟着一起“吐槽”。中国有句老话叫“劝和不劝分”，就是这个道理。劝两口子离婚，人家和好了，把这事一说，对方会不会记恨你呢？

还有一个原因是，亲密关系具有复杂性，作为外人，我们很难确切地了解其中的所有细节和背后的复杂情感与恩恩怨怨。每种亲密关系中的人都有自己的相处模式，有的关系就是“炽耳朵”搭配“河东狮”。人家乐在其中，你贸然去劝，自然不会有什么好结果。

人与人交往时需要边界感，因此，保持一定的距离，避免干涉亲密关系，这既是一种社交智慧，也是对别人的尊重。

第五节

以子之矛，陷子之楯

《韩非子》——不要落入对方的节奏

我们在生活中难免与人发生冲突。和别人发生冲突时，你是不是总是被对方牵着鼻子走，经常口不择言或者错漏百出？是不是一整天都在"复盘"，想着"我为什么不这样说""我真是太笨了"，晚上甚至连觉都睡不好？是不是有时候被人说了一句，想要反驳却不知道该说什么，只能张着嘴"阿巴阿巴"，甚至当场哭出来，事后责怪自己怎么这么没用？

之所以会出现这种情况，一是因为情绪没有处理好。在冲突中，情绪容易激动。当我们被情绪主导时，就很难做出理性的判断和冷静的反应。情绪化的回应往往缺乏逻辑性和说服力，使我们在冲突中显得无力甚至被动。所以，首先应该稳住情绪。

二是因为我们陷入了对方设定的节奏和语境中，导致不断地被动应对，而无法有效地表达自己的观点。在这种情况下，我们往往感觉自己处于下风，难以掌控局面，而且对方的观点和论述让我们感到压力巨大，以至于难以集中思维，从而无法有效地进行反驳或表达自己的意见。

187

分一杯羹

作为"大汉无限责任公司"的董事长，刘邦在创业时不止一次遇到过这个问题。公元前 203 年，楚汉相争进入关键时期，刘邦和项羽率领大军在荥阳对峙，展开了长达四年的拉锯战。

刘邦北渡黄河，屯兵修武，采取深沟高垒的战略严防死守，想要通过这种方式消耗楚军的兵力和粮草。项羽派人猛攻数次都以失败告终，眼看着粮草不济，城池要是还攻不下来，就只能撤军了。

为了迫使刘邦投降，项羽想了一个很阴损的办法。他让人把被俘的刘邦父亲拉上城墙，绑在高台上，又在下面煮沸了一大锅水，大声对刘邦喊道："你要是再不投降，我就把你爹煮了！"这一嗓子就像装了喇叭一样，两军将士都听到了。

项羽这一招十分毒辣，他给刘邦出了个两难的选择题，怎么选都是错。如果投降，数十年辛苦毁于一旦，从此再也没有争霸天下的能力。如果不投降，就是为了荣华富贵连自己的老爹都能不要，不仁不义，不忠不孝，这样的人还有人愿意相信他吗？再进一步，就算他得了天下，史书上也少不了被扣上一顶"大帽子"。

这就是项羽为刘邦设的局，如果刘邦按照这个思路来破题，怎么选都是错。可刘邦不是一般人，他大声说："吾与项羽俱北面受命怀王，曰'约为兄弟'，吾翁即若翁，必欲烹而翁，则幸分一杯羹。"意思就是咱们是结拜兄弟，我爹就是你爹，你要是想把你爹煮了，到时候记得分我一杯羹。

最后，正是刘邦这句话救了老爹一命。

刘邦没有直接回应项羽的威胁，也没有跟着他的节奏走，而是从一个更高的角度重新定义了问题。他将自己和项羽的关系提升到"兄弟"，并把自己的父亲视作双方共同的父亲，从而将问题的焦点从"是否投降以救父亲"转移到了"我爹就是你爹"，让项羽也和自己一起陷入了道德上的被动，成功完成了问题的框架重构。

另外，刘邦的回答其实是一种心理战术的反击。他用似乎轻松的语气回应了项羽的严重威胁，实际上是在告诉项羽：我不会被你的威胁所左右。这种反击让项羽认为，刘邦对自己的父亲毫不在意，威胁也没有用，因此刘邦父亲这枚棋子就是弃子了。既然是弃子。那还接着下干什么？可以说，刘邦这么说反而起到了保护父亲的作用。这就是以彼之矛，攻彼之盾。

刘邦对父亲真的不在意吗？当然不是。汉朝建立之后，刘邦把老爷子接到长安，每五天都要去拜见一次。直到有人跟他说："您是皇帝，天下共主，怎么能跪拜别人呢？"刘邦这才作罢。

后来，老爷子觉得长安城实在无聊，不够热闹。他老人家出身市井，平时看的都是斗鸡走狗的把戏，听的都是沿街叫卖的吆喝声，皇宫里的生活虽然美好，却没有市井气。刘邦知道后，立刻安排工匠，仿照老家建了一座一模一样的城，甚至连老家的"NPC"（指背景人物）也全都找了过来。这样的人怎么可能不孝呢？

自证陷阱

在电影《让子弹飞》中，六子明明吃了一碗粉，却被胡万诬陷"吃了两碗粉，只给了一碗的钱"。六子想要自证清白，就开始不断辩解。胡万早就设好了局，带着围观群众不断起哄。最后，六子只得开膛破肚自证清白。

其实，这样的"自证陷阱"在生活中也十分常见。与人争论，当对方带着恶意时，无论怎么回答都会显得十分苍白，这种"回答式回应"会直接落入对方的逻辑陷阱中。因为对方以提问的方式发难，就是希望你回答，这样一问一答，你就落入了圈套。

要知道，在这样的沟通过程中，你的目的是消除偏见，但攻击你的人已经自带偏见，只想通过语言攻击来达到打压你的目的。因此，无论你答什么都没有用，正确的做法应该是把"我"变成"你"。

比如，六子正确的回应应该是"你哪只眼睛看见我只给了一碗粉的钱"或者"你哪只眼睛看见我吃了两碗粉"，让对方把证据拿出来，不要平白诬陷自己。先质疑对方的问题，也就是所谓的"反诘式回应"。通过这种方法，就会把争论焦点和压力转回到提问者身上，从而打乱对方的节奏，改变游戏规则，避免被动接受对方设定的前提和框架。

比如在《三国演义》中，诸葛亮骂死王朗用的就是这种方法。

王朗问："你既然知天命，识时务，为什么要兴无名之师犯我疆界？"

诸葛亮没有回答，而是反问："我奉诏讨贼，什么叫无名之师呢？"

这就是典型的"反诘式回应"，把问题的焦点从"为什么犯边"转移到"什么叫无名之师"。

王朗说："天数有变，神器更易，而归有德之人，此乃自然之理。"

意思是天下本来就是有德者居之，过去的皇帝姓刘，现在的天下共主就能姓曹，这是大势所趋。王朗的说法没有问题，早在周代商时，"天命""尚德"的概念就被提出了。

诸葛亮回答："曹贼篡汉，霸占中原，何称有德之人？"

这里，诸葛亮又用了"反诘式回应"，没有去纠结"天命"，而是把话题的焦点转移到了"曹操无德"，所以不配成为天下共主，应该讨伐。王朗再次落入"自证陷阱"，开始讲为什么曹操是有德之人。

王朗说："我太祖武皇帝，扫清六合，席卷八荒，万姓倾心，四方仰德，此非以权势取之，实乃天命所归也……今我大魏带甲百万，良将千员。谅尔等腐草之萤光，如何比得上天空之皓月？你若倒戈卸甲，以礼来降，仍不失封侯之位，国安民乐，岂不美哉？"

诸葛亮听后哈哈大笑，再次转移话题焦点，开始对王朗进行"人身攻击"。

诸葛亮说："我原以为你身为汉朝老臣，来到阵前，面对两军将士必有高论，没想到竟说出如此粗鄙之语……你世居东海之滨，初举孝廉入仕，理当匡君辅国，安汉兴刘，何期反助逆贼，同谋篡位！罪恶深重，天地不容！"

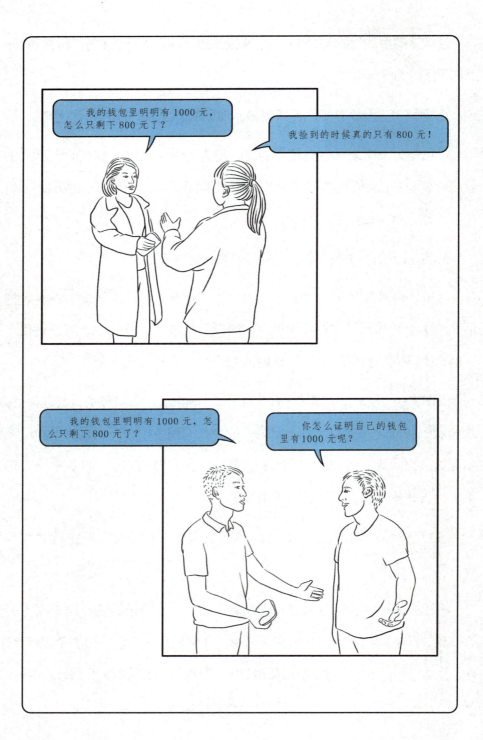

王朗听后全身颤抖，指着诸葛亮也开始进行人身攻击，只是"火力"实在不尽如人意。诸葛亮继续指着王朗大骂："无耻老贼，岂不知天下之人，皆愿生啖你肉，安敢在此饶舌……我从未见过有如此厚颜无耻之人！"王朗吐血落马，卒。

在这个场景中，诸葛亮采用的方法就是不直接回答对方的问题，而是通过反诘不断转换讨论的框架，将问题重新定义或提出新的问题。成功避开了王朗提出的可能使他处于不利地位的问题，转而强调了曹操篡汉的不合理性，从而巧妙地引导了辩论的方向，使得辩论的焦点集中在曹操的不正当行为上，再由曹操的不正当性引出王朗属于"卖主求荣"。

成为旁观者

还有一种争论只是为了单纯地发泄情绪，比如家人之间的争吵、男女朋友或夫妻之间的争吵等。在一般情况下，关系越亲密、每天待在一起的时间越长，越容易发生冲突。因为每个人都有自己的生活习惯、思维模式和价值观，不可能对每一件事都有一样的看法，采取同样的行动。

很多时候，与亲近的人发生的争吵并非真的旨在解决问题，而更多是情绪的一种发泄。在这种情境下，即便是使用再高明的辩论技巧，也可能适得其反。因为从本质上讲，对方可能只是需要一个倾听和理解的对象，而不是一个逻辑辩论的对手。

当争吵中的双方都被情绪控制时，就像是两头发怒的公牛一样，心里只想着怎么才能在争吵中占据上风。面对这种情况时，一定要时刻提醒自己不要说出太过伤人的话。这种话一旦说出口，可能会给亲密关系带来长期的伤害。在表达自己的感受时，尽量使用"我感觉"来阐述，少用"你"来进行指责。

并不是所有的争吵都能立刻找到解决方案，有时候适当地退一步，给彼此一些冷静的时间和空间，可能是更明智的选择。争吵之后，不妨主动伸出橄榄枝，表明自己愿意和解。只有这样，矛盾才能成功化解，而不是积少成多，最终导致更为严重的后果。

上面我们说的，无论是框架重构还是反诘法，都要依靠逻辑思维和语言组织能力。因此，在冲突中保持清醒的头脑至关重要。想要做到这一点，最有效的办法就是自我察觉。

在心理学上，自我察觉指的是个体对自己的内在思想、情感、动机、偏好、身体感受、行为模式等有深刻认识和理解的能力。换个简单的说法，就像是世界上存在另一个"我"，那个"我"时时刻刻都在观察着这个"我"的一言一行、一举一动，像镜子一样反映和监视我们自己的思想、情绪、选择和行为。它允许我们从一种更加客观的视角来审视自己，就好像我们能够站在自己的生活之外，以第三人称的角度观察和评价自己一样。

最后，愿我们在面对恶意时，都能成为"吵架达人"，让对方哑口无言；在面对亲密关系时，都能成为"和解达人"，让亲人和另一半有足够的安全感。

第六节

人之有好也，学而顺之
《鬼谷子》——投其所好

你有没有经历过"尬聊"？"尬聊"时不光自己尴尬，别人也尴尬。我有一段时间（大概六七个月）窝在家里写一本特别花功夫的书，基本没和外人接触过，每天的生活就是困了就睡、饿了就吃，把所有的精力都放在写稿上，感觉整个脑子都是木的。一天，亲戚家孩子办满月酒，我跟着去吃了一顿饭。饭桌上碰到一个亲戚，孩子刚高考完。我问他："孩子考得怎么样？"亲戚答："考得不太好。"我当时脑子抽抽了，继续追问："考得不好是多少分？"亲戚有点尴尬，答："三百多分。"我说："哦，那没到二本线吧，现在上什么学呢？"亲戚答："随便找了个学校。"我正准备"穷追猛打"时，主家抱着孩子进来了，那位亲戚松了一口气，赶紧起身看小孩去了。

过了好长一段时间，我又见到那位亲戚，感觉他好像跟我有仇一样，跟他说话也不怎么搭理我。我翻来覆去地想了很久，最后才恍然大悟，原来是那天得罪了人家。回想起来，我当时就像是变了个人一样，怎么连话都不会说了？我这么说话，不得罪人才怪呢。好在后来慢慢调整过来了。

投其所好

像我那样说话，就叫没眼力见儿，会不受待见。人都喜欢聊自己感兴趣的东西，比如那位亲戚，要是孩子考上了 985、211 高校，都不用别人问，自己找话题也要讲出来。鬼谷子说，和人说话时，要"审其意，知其所好恶，乃就说其所重，以飞钳之辞钩其所好，以钳求之"。意思是和人交谈时，要仔细揣摩对方的想法和意愿，明白他的好恶，然后专门挑他喜欢的去讲。先用"飞箝"的方法来引诱他说出自己的爱好，再用"箝"的方法来掌控谈话的节奏和话题，最终达成自己的目的。

刘邦夺取天下之后论功行赏，就让群臣一起讨论谁的功劳最大。可是，过了一年仍然没有结论。这事也不能怪群臣，毕竟大家都是跟着刘邦从无到有一路打过来的，萧何、周勃、韩信、曹参、樊哙、张良都立过大功，谁当第一其他人都不服。

最后，刘邦把萧何列为功劳簿第一位，封酂侯，给的食邑也最多。这下其他功臣们不乐意了："我们每天在战场上拼死拼活，多的打了几百场仗，少的也打过几十场。萧何躲在后面舞文弄墨，发发议论，连战场都没上过，凭什么排在我们前面呢？"刘邦说："你们都会打猎吧？打猎时，追咬猎物的是猎狗，但发现猎物的是猎人。你们跟着我南征北战，就像猎狗一样，而萧何能够发现猎物，如同猎人。再说了，你们都是一家两三个人跟着我，萧何可是把族中的几十号人都带着跟我一起打天下，功劳当然最大。"众人听他这么说，也不好再说什么了。

这些人都是跟着刘邦一起打天下的，强压的手段只能用一次，第二次就不灵了。到排位次时，刘邦又犯难了，他想把萧何排在第一位，又怕众人不服，只好让大家再次讨论。很多人推举曹参，说他身受七十多处伤，攻城略地，战功最多，应该排第一。刘邦已经在功劳问题上委屈了众人，不好再反驳，但心里还是想让萧何排第一。

这时，一个叫鄂千秋的关内侯站了出来，替刘邦把心里话说了出来："曹参虽然转战各处，攻城略地，但这都是一时之功。再看萧何，他虽然没有上过战场，但前线人吃马嚼，粮草都是萧何供应的。皇上好几次退守山东，也都是靠着萧何的接应才得以保全，这才是万世之功。汉朝少一个曹参不会怎么样，但少了萧何必然不能保全。万世之功当然要排在一时之功前面，这有什么问题呢？"

刘邦听后大喜，连连称赞，下令将萧何列在第一，可以带剑入殿。鄂千秋也因为这几句话获封"安平侯"，封地大了一倍。

刘邦本来就是个"大老粗"，加上汉朝刚刚建立，礼制没有完善，这些跟着他出生入死的兄弟还没有"君臣"的概念，只把他当作"集团老大"一样看待，心里想什么就说什么。比如，陈平就说刘邦"慢而少礼""恣侮人"，人品不太行。韩信说过刘邦"大王自料勇悍仁强孰与项王"，意思是你自己想想，勇敢、凶悍、仁义、强大这几方面，你哪一点比得上项羽？张良说话也难听，说刘邦这也不行，那也不行。每次被手下"损"时，刘邦总是点头说："你说得对。"这也是他能得天下的原因之一。

所以，论功劳、排位次这件事就很微妙。大家都以为，萧何既然做了功劳簿第一，那位次第一就该让出来，让老兄弟们雨露均沾。只有少数人揣摩出了刘邦的想法，而敢站出来得罪其他人的只有鄂千秋一人。正是靠着"投其所好"，鄂千秋平白得了一大笔好处。功臣集团和皇帝哪个说了算，他看得很清楚。

万能公式

在社会交往中，"投其所好"实际上是一种深刻理解和尊重对方的表现，涉及对对方兴趣、需求和情感的认知与反馈。这并不是简单的奉承或者迎合，而是建立在真诚理解的基础上，通过沟通和互动来增进彼此之间的理解和信任。这种社交艺术背后的核心，在于同理心——即能够站在他人的立场上思考问题，感受对方的情绪和需求。

"投其所好"需要仔细聆听和观察，以了解对方的兴趣爱好、价值观念以及所在乎的事情。这种细致入微的关注可以让人感觉到被重视和理解，从而在无形之中拉近彼此之间的距离。

例如，假设你遇到了一位摄影爱好者，在与其交谈时，你可以仔细聆听对方谈论自己最近的拍摄体验、喜欢的摄影风格，或是特别欣赏的摄影师。通过这样的聆听，你不仅能够了解到对方的兴趣所在，还可以抓住机会询问关于摄影的技巧、感受或是对摄影艺术的看法。这种针对性的关注和提问，能够让对方感受到你对其兴趣的真诚关心，从而愿意与你分享更多个人的见解和体验。

进一步地，你可以在下次见面时，提到一些与对方兴趣相关的新信息或资源，如推荐一本关于摄影的好书、分享一个即将举办的摄影展览信息，或是讨论最近流行的摄影技术和趋势。这样做不仅展示了你对对方兴趣的持续关注，还能进一步加深双方在共同话题上的交流和互动，从而建立起长期关系。这一点在恋爱初期也十分有用。

"投其所好"是一种艺术，它要求我们在保持自我真实性的同时，灵活调整自己的交流方式和话题选择。这里有一些"万能公式"可以供大家参考。

在人比较多的社交场合中，"多点开花"是最好的方式。寻找话题时，尽量选择公共领域或者大家都比较熟悉的，比如热门电影和电视剧、流行音乐、美食体验、公共事件和新闻等。这样一来，大家都能参与讨论，不会感觉受到冷落。

"投石问路"也是一种很有效的方法，即可以从对方的姓名、籍贯、年龄、穿着、工作、爱好等方面进行提问，然后找到相同点。比如，"这么巧，我也是某某地方的"，或者"原来你也喜欢某某明星""我对钓鱼还挺有兴趣的"等。这样一来就能引起对方的表达欲，获得更多的信息以进行下一步沟通，进而拉近彼此的距离。

还有一种方法是"借题发挥"，需要就地取材，比较考验思维的灵活度与即兴发挥的能力。可以观察周围环境中的物品或情景，如室内装饰、某人的服饰、食物等，以此作为发起新话题的跳板。例如，看到一幅画可以谈论艺术，观察到某人的特别配饰可以引出时尚话题。在谈话时，要注意捕捉对方话语里的关键词或有趣的点，然后在此基础上展开新的话题。比如，如果有人提到了最近的一次旅行，你可以借机分享自己的旅行故事或询问他们对某个旅行地点的推荐。"借题发挥"的关键在于敏锐地捕捉到交流中每一个可能的发展点，并且灵活地将它们转化为新的交流话题，这样能够使对话更加丰富和有趣。

引起对方的兴趣之后，要让对方尽情发挥，我们则以倾听为主，并通过积极的反馈表达我们的关注和兴趣。这样的交流方式不仅能够增强对话的互动性，还能让对方感受到被尊重和被理解。当对方分享个人经历或情感时，可以适当地表达共鸣和共感，比如"我能理解你的感受"或"我以前也有过类似的经历"，能够加深彼此之间的情感联系。

投其所好不是溜须拍马

投其所好绝不是"溜须拍马"，两者最大的区别是一个"真"，一个"假"。"投其所好"基于真诚的兴趣和对他人的深入了解，是一种建立在共鸣和相互尊重基础上的交流。而"溜须拍马"则多基于个人利益的考量，是一种虚伪的、以自我为中心的行为，目的在于通过迎合对方获得利益或优待。

"投其所好"的目的是深化关系、增进理解和信任，通过关注对方的兴趣和需求来实现真正的情感连接。相反，"溜须拍马"仅仅为了讨好对方，以获得某种短期的利益或回报，缺乏构建长期关系的意愿和基础。

"投其所好"能够在双方之间建立深层次的情感纽带，增强相互之间的理解和尊重，对个人成长和关系发展都有积极影响。而"溜须拍马"则可能导致人际关系表面化，缺乏深度，甚至引发反感和信任危机。

在人际交往中，真诚才是必杀技。在绝大多数情况下，真话、假话、客套话是很容易分辨的。

在日常生活中，无论交流对象是家人、朋友还是同事、客户，"投其所好"都应该基于真正的理解和尊重，而非表面的奉承。这样的交往才能建立起真正意义上的信任和深厚的人际关系。

第七节

静坐常思己过，闲谈莫论人非
《格言联璧》——坏话当面说，好话背后说

我们来设想一个场景，假如你有两个点头之交的朋友，A 和 B。A 这个人很客气，见人总是笑盈盈的，说的话也中听，如"你今天真漂亮""你这身衣服真有气质"等。可是，A 却喜欢在背后"嚼舌根"，经常在你面前说别人的坏话。B 和 A 正好相反，不喜欢恭维人，也不"嚼舌根"，却经常在背后说别人好话，说的话还总能在不经意间传到当事人耳中。这两个人，你会和谁做朋友呢？

好话背后说

老话说，好话背后说，坏话当面说。当面说别人好话，容易被认为是客套和奉承，而不是出于真心，尤其是对方是你的上司或你有求于他时。这样不仅无法起到想象中的作用，还会被人认为是在"溜须拍马"，招来轻蔑。

在人际交往中，直接的奉承或赞美可能会被视为一种社交策略，尤其是在双方存在明显的权力结构或利益关系时。因此，如果少了这种考量，

通过第三方传递的赞美或正面评价就更容易被接受者视为客观和真实的，从而增加了信息的可信度。

社会心理学中有一个社会认证效应的概念，说的是个体在面对不确定性时，倾向于以他人的行为或观点作为决策的依据。通过把第三方传递的正面信息作为一种社会认证，可以为接收者提供一种心理上的支持和认可，使得这种正面评价更有影响力，也更容易让人相信。

那么，背后说的好话为什么大概率能传到当事人耳中呢？因为正面评价通常具有较高的吸引力和传播价值。人们倾向于分享和讨论积极的话题，因为这样的交流能够营造愉快的社交氛围，并能够在一定程度上提升个人的社交形象。想一想，当你和一个不太熟的朋友聊天时，更愿意说"某某说你小气"，还是"某某说你大方"呢？

所以，在生活和职场中，不妨多在背后说别人的好话。比如，在和同事闲谈时，可以说"李经理这人真不错，办事公道，有什么好事都想着咱们"，或者说"某某同事经常说你很厉害"。一句话，能让两个人都对你有好印象。

同样的道理，背后说的坏话在通过第三人传递之后，即使你当时只是随口一说，当事人听到后也会深信不疑，从而对你产生厌恶心理，把你打入"嚼舌根"一类人之中。

在某种程度上，背后说坏话的影响力更加恶劣。心理学中有一个负面偏见（Negativity Bias）理论，意思是人类天生对负面信息更加敏感。从进化的角度来看，这有助于我们迅速识别和应对潜在的威胁，以保证生存。

因此，负面信息往往会在我们的记忆中留下更深刻的印象，并且我们自身也更倾向于关注和评估这类信息。

因此，与正面信息不同，负面信息往往会在心理上产生更强烈的反响。这是因为坏话被传递给当事人时，不仅原本的负面评价被传递了出去，还极有可能会掺杂着第三方的加工或解读，从而进一步放大负面效果，加深当事人的不满。而且，听你说话的人也会想：他在我面前说别人的坏话，在别人面前也会说我的坏话。听话者因为担心自己的言论被传播出去，可能会变得更加警惕，减少与其分享个人信息或深入交流的意愿。背后说坏话，一句话得罪两个人。

坏话当面说

在人际交往中，我们难免会与某些人产生意见和矛盾。有些人喜欢忍耐，总以为"忍一忍就过去了"。实际上，一个人越好说话，就越容易被人"拿捏"，因为欺负这种人不需要付出任何代价。譬如，公司有一个新入职的同事，为了和大家搞好关系，经常帮同事买早餐、带咖啡、取快递、分担杂务，时间一长，同事们都认为这是理所应当的。有一天，这位新同事有事拒绝了一次跑腿，竟然就被扣上了一顶"不好说话"的帽子。

再举个例子，你是公司经理，现在手头有个紧急任务，需要在周末找个员工加班。有两个选择，A和B，业务能力差不多。A任劳任怨，脾气好，待人和善；B是个"刺儿头"，曾经和你发生过争论。这两个人你会怎么选呢？

大多数人可能会倾向于选择 A，因为 A 看似更容易安排，不会有太多反抗和争议。这正是"好说话"的人容易被"拿捏"的原因。人们往往默认，对方因为性格温和、愿意帮助人，就可以将更多的工作、责任甚至是不合理的要求加在他们身上。这种现象在许多工作场所和社交场景中都很常见。

人都有趋利避害的本性，好说话的人是真的"好说话"吗？并不是，他们只是擅长压抑自己，把负面情绪和意见全都压在自己心里。长期积累下来，他们的内心就会像"负面炸弹"一样，一旦有契机就会突然爆发，这就是我们平时说的"老实人的脾气，三伏天的炸雷"。你身边或许也有这样的人，他们平时很温和，从不发火，有什么需要他们都会第一时间提供帮助。可有时候，只是因为一点小事，他们就会莫名其妙地发起火来，而且异常暴躁。

前段时间有个新闻，南通有个家纺个体加工厂，老板拖欠了一位员工3000元钱工资。在长达1年的时间中，员工找老板讨要了11次都无果。最后，这位员工忍无可忍，造成了不可挽回的后果。

老实人惹不得，也做不得。坏话当面说，就是要把自己的诉求和意见明确地表达出来，给自己裹上一层锋芒，让对方知道你不是一个容易被忽视或者利用的人。直接表达不满和意见，有时候能够更有效地保护自己的权益，减少被误解或被利用的情况发生。

当然，这并不意味着要与人为敌或者过度挑战他人，而是要你把对自尊和权利的维护，用恰当的方式表达出来。表达不满和意见时，可以多使用"I"语言（我感受到……我认为……），而不要指责对方（你总是……，你从不……）。这样的表达方式更加注重自己的感受和需求，而不是直接指责对方，可以减少对方的防御性，使对话更容易被接受。

还可以用"夹心面包"法，即先感谢，再拒绝，最后表达歉意。比如，有人请你帮忙，你可以说："谢谢你的信任，要不是咱俩这关系，你也不会找我。可今天实在是太忙了，脱不开身，下次有机会我一定全力帮你。"

让对方代入自己的处境也是一种很好的拒绝办法。罗斯福在当总统之前，曾担任过助理海军部长。一次宴会上，有个朋友向他打听海军的秘密计划。罗斯福压低声音悄悄说："你能保守秘密吗？"朋友点头说："当然可以。"他以为罗斯福要把秘密计划告诉他，打起精神侧耳聆听，没想到罗斯福却说："我也能。"这种方式的好处在于通过引导对方理解你的立场和原因，增加了对方的同理心，从而使之更容易接受你的拒绝。其关键点不是直接表达"不"，而是间接地让对方明白你的拒绝是基于合理和客观的考虑，而非个人情感或偏见。

清代学者金缨在《格言联璧》中写道："静坐常思己过，闲谈莫论人非。"好话背后说，坏话当面说，这样就能避免很多生活中的烦恼。愿我们每个人都能"好好说话"。

晓之以理，动之以情

《权谋残卷》——学会讲故事

你有没有过这样的经历？每次一上课或啃"大部头"时，总是昏昏欲睡。但一看起小说来，就能废寝忘食，通宵达旦。在聊到"八卦"时，我们往往也会精神抖擞，竖起耳朵仔细聆听，生怕错过任何一个细节。

这是因为小说和具有故事性的内容通常包含了丰富的情节、鲜明的人物形象和吸引人的冲突，这些元素能够激发好奇心和情感共鸣，让我们自然而然地沉浸在故事的世界里。相比之下，课堂学习或阅读专业书籍往往需要处理抽象的概念和理论，这不仅要求较高的注意力集中度，还需要主动的思维参与和理解，会消耗不少能量，这对大脑来说是一件很"讨厌"的事。

人人都爱听故事

人类大脑对故事有着天生的偏好，讲故事是沟通中最有效的方法之一。被称为好莱坞"编剧教父"的罗伯特·麦基（Robert McKee），曾在《故事经济学》中对此现象给出自己的解答。他认为，人类在历史上经历过两次觉醒。第一次觉醒是摆脱"万物有灵"的束缚，意识到"我"就是"我"，和周围的石头、木头、动物都不一样。简单来说，就是人类长脑子了，能够分辨出自己和他人的区别，而其他动物都不可能产生自我意识。

屠宰场的猪不可能意识到"我早晚有一天都会被宰杀"，而人类却可以。在看到同伴饥饿、受伤甚至死亡时，人类就会想，"这样的事情早晚也会发生在我身上"。于是，在这样的不确定性和对未来的恐惧中，人类开始寻找答案。比如，打雷是因为天上有雷神，发洪水是因为人类触怒了天神，生育是女神的赐福。通过编造这些故事，人类让一切合理了起来，并相信能够通过某些特定的仪式避免灾难发生，这就是人类的第二次觉醒。

这两次觉醒，揭示了讲故事的根本意义和力量。第一次觉醒让人类认识到自我意识的存在，而第二次觉醒则是通过故事来理解和解释世界。这种通过故事来寻找意义和安慰的能力，是人类与生俱来的，也是人类文化和文明进步的基石。

在这个过程中，故事成为连接个体与世界、现实与想象、知识与情感的桥梁。故事能够触动人心，因为它们反映了我们的恐惧、愿望、梦想和价值观。故事中的每一个角色、情节和转折，都有可能与某些听众的个人经历产生共鸣，激发他们的共感和理解。

故事讲述不仅是一种叙述技巧，更是一种深刻的沟通形式。它能够跨越时间和空间的界限，将不同的人联系在一起，传递信息、知识和文化。更重要的是，故事能够激发听众的想象力，促使他们在心理层面上参与进来，代入自己，从而更深入地理解和感受故事中的信息和情感。

触龙劝赵太后

战国时，赵惠文王去世后，太子赵丹继位。由于年龄还小，朝政大权就落在赵太后手中。秦国趁赵国大丧之际发兵进犯，赵太后向齐国求救，齐国却提出了一个条件：只有让长安君做人质，齐国才会发兵。长安君是赵太后的小儿子，也是她最宠爱的孩子，捧在手里怕摔了，含在嘴里怕化了，赵太后哪能答应这样的条件？群臣一再劝谏，却让赵太后最终彻底愤怒了。她大骂道："谁要是再敢提这件事，我就一口唾沫吐在他脸上！"这下，群臣都不敢说话了。可眼看着秦军一天天逼近，赵国毫无还手之力，这样下去早晚要亡国。

危难关头，一个叫触龙的官员挺身而出，愿意前去劝说。赵太后知道后，就在宫里气势汹汹地等着，准备吐他一脸唾沫星子。没想到，见面之后，触龙根本没提长安君的事。他先问候了老太后的日常起居，如吃得怎么样、睡得怎么样，唠了很长时间家常，最后才说："我的小儿子舒祺太不成才了，什么也不会，吃苦又吃不了，我只好厚着脸皮过来，找您给他求一份侍卫的差事。"

老太后一听，触龙居然是为这事来的，当即就卸下了防备，满口答应下来。她问孩子多大，触龙说："15 岁。"老太后又问："你们男人也疼小儿子吗？"触龙说："那当然，比你们女人还疼。"太后笑着说："这怎么可能，不要开玩笑了。"触龙说："我今天之所以过来，就是因为我年纪大了，怕走了之后，孩子没法自力更生。父母疼爱孩子，就要给他计划长远。我感觉，比起长安君，您更疼爱燕后。"老太后马上摇头说："你说得不对。"触龙说："那就奇怪了，燕后出嫁后，我听您为她祝告，说的都是千万不要回来，这不就是希望她在那边生儿育女、母凭子贵吗？"太后说："是这样，没错。"

触龙又说："赵国刚建立时，那些被封侯的人，他们的后代有继承爵位的吗？"太后说："没有。"触龙说："不光是赵国，哪个国家都没有。这都是因为继承人地位高却没有功绩，俸禄丰厚却没有功劳，占有太多财富却没有实力，祸患早晚要落在他们头上。现在的长安君不就是这样吗？等您百年之后，他有能力保住自己的财富和地位吗？"太后这才恍然大悟，当即答应派长安君到齐国当质子。齐国发兵后，秦军就退了。

触龙在进谏的过程中，首先通过日常寒暄建立了与赵太后的情感联系，然后通过提出自己孩子的事情引起了赵太后的兴趣和共情，接着通过比较和反问巧妙地将话题转向了长安君的问题，最终引导赵太后自己意识到派遣长安君为质子的必要性。

他没有直接提出派长安君到齐国做人质的请求，而是通过讲述自己小儿子的故事来间接引出长安君的话题。这种方式巧妙地绕开了赵太后的直接抵抗和预设立场，通过触动赵太后对母亲身份的认同感和对子女未来的担忧，引发她内心的共鸣和反思。

这种故事讲述方式有效地避免了直接的冲突，同时也允许赵太后在一个更宽松、更少防备的环境中考虑问题。通过引人入胜的叙述和巧妙的逻辑推理，触龙成功地说服了赵太后，达成了自己的目的。这不仅体现了触龙高超的沟通技巧，也展示了讲故事在复杂沟通场合中的强大力量。

讲好故事

亚里士多德说："我们无法通过智力去影响别人，情感却能做到这一点。"想要说服一个人，在很多情况下讲道理都是没用的，因为没有人喜欢被说教。但故事却不同，它自带情感，能够绕过逻辑直接引发共鸣，从而达成沟通的目的。

那么，如何在人际沟通中讲好一个故事呢？

首先，一定要保证故事的"真实性"。这里的"真实性"并不是说必须是发生过的事，而是无论这故事是你听说的、看来的，还是亲身经历的，在讲述时，一定要保证它符合逻辑，情节合理连贯。只有这样，才能使听众易于理解并产生共鸣。比如，让一个小矮人给别人讲自己灌篮的故事，让蚂蚁给其他蚂蚁讲自己绊倒大象的故事，显然不符合常理，很难让对方相信。

在讲故事时，观众只会注意到 15% 的词汇，其他信息则是通过你的表情、语气、眼神和身体姿势表现出来的，这些非语言元素能极大地增强故事的吸引力和感染力。所以，可以适时地使用各种表情来表达故事中的情感，比如惊讶、快乐、悲伤或愤怒。还可以根据故事内容调整语气，使用不同的音高、音量和语速，来表达不同的情绪和强调重点。想象一下，如果有人满脸开心地跟你讲，自己的猫刚刚去世了，他现在悲痛万分，这可信度能有多少呢？

讲故事时，适当停顿，留给别人反馈的时间也很重要。适当的停顿可以让听众有时间处理和理解你所讲述的信息，特别是在故事情节复杂或包含重要信息时。这样可以帮助听众更好地跟随故事的进展，减少理解上的困惑。通过在讲述不同情绪的内容时适当地调整停顿的长度和频率，可以帮助听众在情绪上与故事同步。无论是紧张、惊讶还是温馨、幽默，都能通过停顿加以渲染和传递。

在沟通时，不妨少做一些说教，多讲一些故事，让自己成为一个有趣又"有料"的故事达人。